橋本昌嗣
Masatsugu Hashimoto

コンピュータは私たちをどう進化させるのか

必要な情報技術がわかる8つの授業

ポプラ新書
112

カバーデザイン
FROG KING STUDIO

構成
郷　和貴

協力
デジタルハリウッド大学大学院

はじめに

本書はデジタルハリウッド大学大学院にて、2016年春から夏にかけて行われた人気講義「コンピュータ・アーキテクチャ」の内容をベースに追加修正をしたものです。コンピュータ・アーキテクチャとは狭義ではCPU（Central Processing Unit：中央演算装置といわれ、「コンピュータの頭脳」にたとえられる）の構成のことを指しますが、この講義では「コンピュータの設計思想」と解釈しました。

ひと昔前までは組み込み系のプログラマーやハードの設計者だけが学ぶような目立たない学問でしたが、本講義は現在、現役のビジネスパーソンをはじめとした文系の院生も多い同大学院で必修科目となっています。

では、なぜコンピュータ・アーキテクチャが必須の学問なのか。

2015年12月4日、日本経済新聞は「パソコン3社が事業統合　東芝・富士通・VAIO交渉へ」と報じました。その約1年後の2016年10月5日には、富士通のパソコン事業がLenovo（レノボ）傘下になりました。日本のコンピュータ産業に陰りが見えた最大の理由は、コンピュータ・アキテクチャに対する理解不足です。

いま、世の大半のパソコンのCPUはインテル製であり、そのマザーボード（主要な電子回路基板）も同様にインテルが設計し、製造メーカが参考となるレファレンスボードを提供しています。ひと昔前は、さまざまなコンピュータメーカ各社が工夫をこらしたマザーボードを独自設計・開発していました。しかしながら、結果的にインテルのレファレンスボードを忠実に再現したメーカのものが低価格かつ不具合なく、その競争に生き残ることになります。サーバのマザーボードに関してはスーパーマイクロ1社の寡占といっても過言ではありません。

PCビジネスで成功を収めている米国のDell（デル）、HP（ヒューレットパッカード）、中国のLenovo、台湾のASUS（エイスース）、Acer（エイサー）といったメーカは、製造を台湾ODM（製造専門メーカ）に委託し、その生産は中国の工場で行っています。PCメーカでは、製品企画とグローバルな販売網を確立し、

ODMと協業して低価格での生産を実現し、世界での販売台数とシェアを伸ばしています。

それと比較し日本メーカは、主に日本市場で販売し高品質な日本での生産にこだわった結果、低価格が実現できず、じりじりと追い詰められているのです。

理化学研究所が総開発費1120億円を投じ開発したスーパーコンピュータ「京《けい》」は、「2011年スーパーコンピュータのTOP500」というランキングで1位となります。そのCPUは、オラクルが買収したサン・マイクロシステムズで基本設計したSPARC（スパーク）というアーキテクチャを採用し、富士通が製造しています。京にはそれが8万8128個搭載されています。

その一方、米国インテルの創業者のゴードン・ムーアは集積回路上のトランジスタ数は「およそ18ヶ月で2倍になっていく」ムーアの法則を示し、その法則を実現してきました。それを支えるのがインテル独自の製品開発モデル「チック・タックモデル」です。

CPUを製造する際には、ふたつの大きなチャレンジがあります。ひとつはCPUの設計を新しくすること。もうひとつはより微細な回路を製造するために製造工場を新しくすることです。安定的に集積度を上げるために、一度に両方のチャレンジをすることなく第1段階「チック」でより微細な回路でCPUを製造し、第2段階「タック」で新しい設計でCPUを製造することを繰り返してきたのです。2015年のPCの出荷台数が約3億台だったことを考えると、インテルでは少なくとも数億個のCPUを製造しています。約9万個のCPUを搭載する京に対して、インテルのCPUは少なくとも数億個の出荷があり、数が4桁違うのです。

インテルのCPUに囲まれたなか、一時的に1位を獲得した京ではありますが、インテルとは異なるCPUで1位を継続することが困難なのは誰の目から見ても明らかです。

20年前は、IBM（アイ・ビー・エム）、クレイ・リサーチ、サン・マイクロシステムズ、HP、デック、シリコングラフィックスといったコンピュータメーカが独自にCPU、OS、筐体《きょうたい》を製造していましたが、Windows（ウインドウズ）やLinux（リナックス）が動作する、低価格で性能がよく安定的に性能が向上したインテルのCPUに屈していったのです。

インテルのCPUの命令セットのアーキテクチャ、いわゆる設計は「X86」と呼ばれ、発表されたのは1978年です。インテルは新しいタイプ「IA64」というCPUを市場に展開した時期もありましたが、市場ではX86で開発されたソフトウェア資産も多く、うまく移行できませんでした。

つまり、高性能な設計が生き残るのではなく、市場に広く支持されたものが残るのです。日本のメーカはそのことをもっと意識すべきなのです。

私はこのような、大学で教えない市場原理を加味したコンピュータ・アーキテクチャを語りたいと、かねてから思っていました。そのようなとき、デジタルハリウッド大学大学院の教授であり、電通コンサルティングの取締役でもある森祐治さんから、本大学院で客員教授となり、「コンピュータ・アーキテクチャ」の講義を担当してもらえないかと声をかけていただきました。しかしながら、コンテンツ、理系、文系、芸術系など幅広い分野から学生が集まる本大学院では、わかりやすく授業するための適切な教科書がありません。そこで、日本で一番コンピュータをわかっている企業の技術者をゲスト講師とし、講義を実施することを条件にお受けすることにしました。デジタルハリウッド大学大学院の母体は実は株式会社です。そのため柔軟に対応していただき、これまでの大学ではできなかった講義が実現できたと自負しています。デジタルハリウッド大学大学院の杉山知之学長をはじめ、スタッフの方々には感謝しています。

当初は、私が日本SGI（シリコングラフィックス）のCTO（最高技術責任者）やエイベックスにおけるBeeTVの立ち上げの経験のもと、データセンターやスマートフォンの講義をしていましたが、やはり個別のテーマについてはそれぞれの企業の技術者の知識や提示できる資料のほうがはるかに有益であると思い、いまの適材適所の形に落ち着きました。各授業に最適な人材を集めるため、恩師のスタンフォード大学の中村維男《なかむらただお》教授、日本Linux協会の鈴木大輔会長にもご尽力いただきました。この場を借りて感謝いたします。

忘れもしない1993年、私は映画『ジュラシック・パーク』を観て衝撃を受け、そのCGがシリコングラフィックス製の特別なコンピュータで制作されていたことを突きとめます。しかし、そのような特別なコンピュータは私が通っていた山口大学にはなく、当時東北大学より集中講義に来られていた前述の中村先生に相談した結果、北陸先端科学技術大学院大学に進学を決めます。そこで、米国シリコングラフィックスより客員教授としていらっしゃったジョナサン・ブラント助教授のもとで、コンピュータ・グラフィックス（CG）を学び、日本SGIに入社します。その環境で最先端のテクノロジーに触れ、東北大学の中村教授のもとで学位を取ることになりました。

ちなみに米国のシリコングラフィックスの優秀なエンジニアはどんどんスピンアウトし、NVIDIA、Google Earth、Google Glass、Apple、Intel、VMWARE、Lytroなどの開発に携わっています。日本SGIも同様に、優秀なエンジニアがNVIDIA、ソフトバンク、セグウェイ、クラウドなど新しい世界で活躍しています。実は本講義の講師の多くはシリコングラフィックスの人脈を使って協力をあおぎました。

講義は全8回あります。初回だけ私が「そもそもコンピュータって、何だ？」というイントロ的な授業をしたのち、あとの7回はテーマごとに日本を代表する技術者たちに講師役をお願いする形にしています。

2回目は、コンピュータ業界を牽引《けんいん》する世界最大の半導体メーカ、インテルの技術部長、安生健一朗《あんじょうけんいちろう》氏にCPUの進化を説明いただき、それに関連するビッグデータ、IoT、ウェアラブルデバイスなど旬なキーワードの解説をしてもらいました。

3回目はGPUの授業です。担当はこちらもグラフィックスボードの業界で圧倒的な技術力を誇るNVIDIA（エヌビディア）でマーケティングをされている澤井理紀《さわいまさき》氏。

GPUを一言で説明するなら「CGの処理を行うパーツ」。GPUはディープラーニング理論と密接に関係していて、本授業では、いま注目されている自動運転技術とあわせ解説いただきました。

続いて4回目はOS（Operating System）の授業で、担当は日本で実際にOSを作っているProject Vine副代表、松林弘治《まつばやしこうじ》氏。OSはみなさんにとってはパソコン、タブレット、スマホでお馴染みですが、実はそれ以外にも、テレビ、プリンター、デジカメなどの家電にも搭載されていて、その開発と進化の現場に迫る講義となりました。

5回目は、ソフトバンクの首席エヴァンジェリスト中山五輪男《なかやまいわお》氏に「人工知能」と「ロボット」について語ってもらい、「Siri」「IBMワトソン（Watson）」「ペッパー」などを題材に、コンピュータの未来像を鮮明にする授業を行ってもらいました。

また、6回目は「仮想化」の授業で、こちらはいわゆる「クラウド・コンピューティング」の解説と思ってください。この授業は、Vエキスパート（仮想化エキスパート）の資格を持つネットワールドの三好哲生《みよしてつお》氏にご担当いただきました。

7回目は、「クラウド・コンピューティング」と関連する「データセンター」の授業です。まずは「インターネット（＝ネットの向こう側）」の概念を丁寧に説明いただき、現代の膨大なデータ群をどのように管理、活用しているかを、日本初のインターネット・サービス・プロバイダーであるＩＩＪ（アイアイジェイ）のシニアエンジニア、堂前清隆《どうまえきよたか》氏にお話しいただきました。

最後の8回目は、セグウェイジャパン社長の大塚寛《おおつかひろし》氏に「未来のコンピュータ」というテーマで、「ロボット」と「セグウェイ」について、ご自身の開発経験をもとに講義を行ってもらいました。

私が各講師の方にお願いしたのは、文系の学生でも理解できるように説明を噛《か》み砕くことと、テーマごとの最新トレンドを事例を交えて紹介することの2点です。

ちなみにこの講義の単位取得のための最終課題は、各自が考える理想のコンピュータ像を絵に描いて提出してもらうことです。

現在ブームになっているＩｏＴ（The Internet of Things）、すなわち「あらゆるものにコンピュータが搭載される」というトレンドも、ＡＩにビッグデータを渡すための手段であり、そのＩｏＴの発展には半導体の小型化やクラウド技術が欠かせません。

世の中のテクノロジーがこのような補完関係で成り立っているということは、コンピュータ・アーキテクチャを学べばコンピュータの現在を理解でき、未来が予見できるようになり、ひいてはビジネスを予見できるようになるともいえます。

今後、こうした知識はビジネスパーソンにとって最低限必要なナレッジになっていくことは間違いありません。読了した暁にはあなたなりのコンピュータとテクノロジーの未来像が浮かび上がっているものと期待しています。

そして、文部科学省の方々、私とゲスト講師陣に次世代のコンピュータを企画させてみるのも面白いのではないでしょうか。


デジタルハリウッド大学大学院客員教授　橋本昌嗣

コンピュータは私たちをどう進化させるのか／目次

3時間目　GPUとディープラーニング

並列処理という概念の実現　83

8時間目　セグウェイに見る人間とロボットの関わり方　249

特別対談

1時間目

コンピュータの基礎知識と次世代コミュニケーション

1時間目 講師

橋本昌嗣
はしもと・まさつぐ

博士(情報科学)。株式会社鉄人化計画 T･Rプロジェクト本部 T･Rシステム開発部長。デジタルハリウッド大学大学院 客員教授。1970年、山口県生まれ。東北大学にて博士(情報科学)を取得。1997年、日本シリコングラフィックス株式会社(現在の日本SGI)に入社。2005年、ビジュアライゼーション事業本部本部長、2007年、高度ビジュアル・メディア開発本部本部長、2008年、CTO(最高技術責任者)を歴任。キャリア向け映像配信システム、人工衛星の設計、自動車のデザイン、生産管理、マーケティング、地図情報システム構築業務、ハイパフォーマンスコンピューティングシステムの構築、科学技術計算の可視化などに携わる。2009年、エイベックス・グループ・ホールディングス株式会社に入社。BeeTV(現在のdTV)、基幹システム、課金システムの構築・運用を担当。2013年、株式会社鉄人化計画に転籍。現在、新規事業に携わる。ライフワークは、可視化を用いたスムーズなコミュニケーションで人々を幸せにすること。専門は、映像配信、コンピュータ・グラフィックス、大規模計算、ビッグデータの可視化。その他、デジタルハリウッド大学大学院客員教授(2011年〜)、奈良女子大学理学部非常勤講師「コンテンツ開発プランニングワークフロー概論」(2005〜2011年)、上智大学理工学部非常勤講師「ビジュアリゼーション講座」(2002〜2010年)、長岡技術科学大学工学研究科客員准教授「先端シミュレーション工学講座」(2007〜2008年)を歴任。2008年には、リアルタイムデザインレビューソフト「DesignCentral Imager」にてグッドデザイン賞を受賞。

構成要素がわかれば本質が見える！

ＳＦ映画などでよく見かける未来のコンピュータ。

空中に画面があらわれて指先の動きでそれを動かしたり、立体映像で映しだされる遠隔の人と会議をしたり、人工知能が小粋なジョークを飛ばしてきたり、はたまた人間型のロボットと共存していたりと、さまざまな形が描かれていますが、果たして10年、20年、30年先にはそういったことが実現しているのでしょうか。

私は決して絵空事ではないと思います。

30年前の人にフルＣＧで作られたピクサーの映画『トイ・ストーリー』を見せたら、きっと魔法を見せられたような気分になるでしょう。当時のコンピュータ技術では想像もつかないことを現実にいまのエンジニアやクリエータたちは行っています。

しかも、それはテクノロジーが進化したからであって私たち人間自体が進化したわけでも魔法が使えるようになったわけでもありません。さまざまな「魔法の道具」を手に入れただけです。いろいろな技術が個別の進化を遂げ、その集大成として世界初の長編フルＣＧ映画が生まれたわけです。

実際、コンピュータと一言でいっても、さまざまなパーツで構成されています。

フルCG映画が作れるようになったのも具体的にはコンピュータの頭脳であるCPU（本書の2時間目に詳細）の高速化、グラフィックス処理に特化したGPU（3時間目に詳細）の登場、大量のデータを保持できる記憶装置の進化、高解像度の画像を表示できるディスプレイ装置の品質向上などが大きく貢献しています。

きっと30年後の人間も魔法の道具を使って、いまの私たちの想像を超えることを普通に成し遂げていることは間違いありません。

ということは、本授業のテーマでもある「コンピュータはどこまで進化するのか？それが私たちの未来をどう変えるのか？」という問いに対して答えを見出《みいだ》すためには、コンピュータという大きな枠組みをそのままで考えるのではなく、企業ごとに分業している構成要素ごとに分解して考える必要があります。

そして、そういった細部を知りつつ再度高い視点から、どのようにコンピュータを設計したらよいのか考える学問が「コンピュータ・アーキテクチャ」です。

たとえば、電気店でPCを選ぶとき、もう少しハードディスクが大きかったらいいのに、軽かったらいいのになどと思うでしょう。この授業では、そこからもう一歩踏み込み、「コンピュータの機能のここが改善されたから、こんなコンテンツやプログラムができるぞ」ということがわかるようになってほしいと、講義をしています。「CG技術がすごい」という目に見える現象も、コンピュータを分解して理解することで「なぜすごいことができるようになったのか」がわかります。さらにいえば、その因果関係が見えてくれば「じゃあコンピュータでこんなことをしたいから、こんなアーキテクチャにすればいいのでは」という仮説が立てられます。

新しいコンピュータを世に送りだしている人たちは、日々、こうした仮説を立てている人たちです。

本講義はコンピュータ設計者を育成することが目的ではありません。いま世の中にあるコンピュータを土台としたサービスやシステムにはどのようなパーツがあって、それぞれがどのような働きをしているのか。また、それぞれがどのような経緯で進化を遂げ、将来どういった道を進むのか。こうした基礎知識を習得するだけでも、今後のコンピュータのあり方や新しい使い方に着目するきっかけとなるはずですし、未来に対する期待感も湧くでしょう。さらにビジネス的な観点から見たアドバンテージも非常に大きくなります。

世界一面白くてわかりやすいコンピュータの授業

「コンピュータの仕組み」と聞くと苦手意識を持つ方は大勢いらっしゃると思います。

私自身も大学院修士のときに授業を受けたのですが、はっきりいって嫌いでした。分厚い教科書に沿ってなんだか小難しいことを淡々と話されるだけでまったくワクワクしなかったのです。

そこで私なりに「世界で一番面白くてわかりやすいコンピュータ・アーキテクチャの授業とはどういったものだろう」と考えました。その結論は、実際のＩＴ企業の現場の最前線で活躍するエンジニアやエヴァンジェリストが、自分たちの専門分野について、借り物ではない自分自身の経験に基づいた血の通った言葉で、現場の臨場感が伝わってくるようなリアルな話を交えて解説をしてもらうことでした。ぜひその講義を楽しんでいただけたらと思います。

さて、今回は1時間目ということで個別のテーマには深く入りません。イントロとしてコンピュータに関する基礎知識をいくつかお話ししたいと思います。

「ノイマン式コンピュータ」がすべての基本

コンピュータを「計算機」という枠組みで考えると17世紀に哲学者のパスカルが家業の会計を手伝うために四則演算の機械化を試みたことがわかっていますが、計算機ではなくデジタルで動くコンピュータという一段狭い枠組みで考えたら、世界初のコンピュータは１９４６年に開発された真空管式計算式のエニアック（ＥＮＩＡＣ）です。

その設計のベースとなったのは前年の１９４５年に、フォン・ノイマンが提案した「大量のスイッチを使って、プログラムとデータを内部（記憶装置）に記憶する仕組み」です。

詳細については2時間目でインテルの安生氏が再度取り上げますが、私からひとつポイントを挙げるとすると、フォン・ノイマンが提唱したコンピュータ・アーキテクチャの原理、すなわち「オン（１）かオフ（０）かのスイッチから成るコンピュータの仕組み」はいまでも変わっていないということです。ＷｉｎｄｏｗｓマシンもＭａｃも、すべて分類としては「ノイマン式コンピュータ」です。

図1

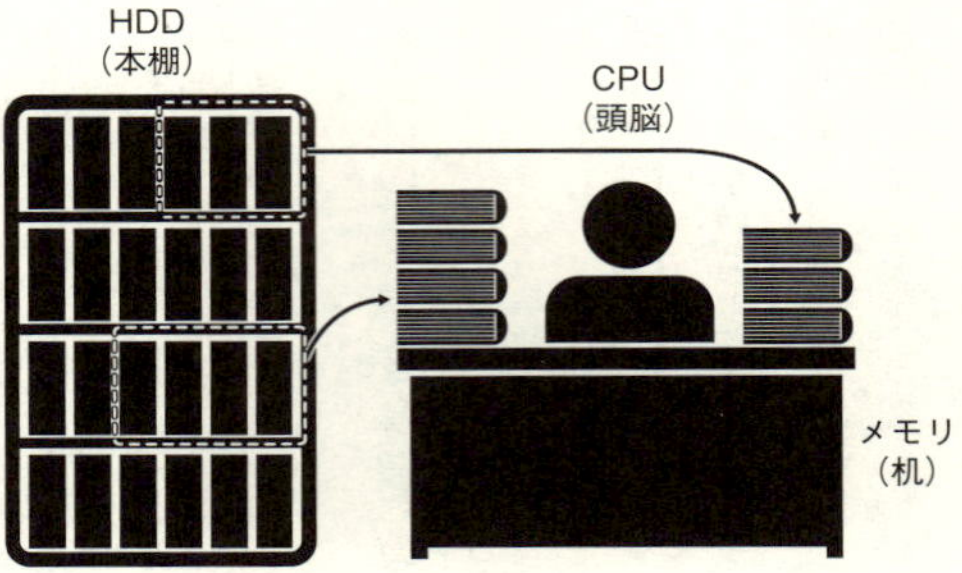

1分でわかるコンピュータの仕組み

みなさんがパソコンを買うときとくに重視するスペックは、CPUの速さ、HDD(Hard Disk Drive：ハードディスクドライブ)の容量、メモリのサイズの3つでしょう。コンピュータ・アーキテクチャをシンプルに考えると、実はこの3つこそがコンピュータの主要な構成パーツになります。

CPUはコンピュータの頭脳であり、HDDは本棚であり、メモリは机にたとえられます(**図1**)。CPUが速ければプログラムや演算が速く動きますし、HDDが大きければ大量のデータを保存できますし、メモリが大きければ一度にたくさんのデータを扱えます。

図2

	Apple	Google	Amazon	Microsoft	Intel	NVIDIA	HP	IBM
売り上げ (2015)	2337億1500万	アルファベットに移行	1070億	935億8000万	554億	46億8151万	1034億	817億
純利益 (2015)	138億8400万	アルファベットに移行	5960万	121億9300万	114億	6億3059万	46億	134億
売り上げ (2014)	1827億9500万	660億100万	890億	868億3300万	559億	41億3016万	1115億	927億
純利益 (2014)	395億1000万	144億4400万	-2410万	220億7400万	117億	4億3999万	50億	158億

（単位：ドル）

	NEC	富士通	パナソニック	SONY	シャープ
売上高 (2015)	2,935,517	4,753,210	7,715,037	8,215,880	2,786,256
当期利益 (2015)	57,302	140,024	179,485	-125,980	-222,347
売上高 (2014)	3,043,114	4,762,445	7,736,541	7,767,266	2,927,186
当期利益 (2014)	33,742	48,610	120,442	-128,369	11,559

（単位：百万円）

なぜわざわざ本棚と机を分けているのかというと、本棚に本を取りにいくのに時間がかかるからです。これらに関しても次章で取り上げますが、「処理をするデータはなるべくCPUの近くに置く」ということが現在のコンピュータ設計の基本になっているということだけは覚えておいてください。

いま転職するならソフト系がおすすめ!?

業界のトレンドを知っていただくためにひとつの表を用意しました（**図2**）。コンピュータ関連の大手企業の売り上げや利益率を調べたものです。

これを見ると、Apple（アップル）

がいかに突出した存在であるか一目瞭然です。ただ、その他のハード寄りの会社の業績はイマイチです。HPは、売り上げは高いですが利益は低いです。

一方でソフト系の企業は好調です。Amazon（アマゾン）だけ利益が少ないように見えますが、実はアマゾンは利益をどんどん投資に回す会社なので、実態としての会社の勢いはかなりあります。読者の方が就職なり転職を考えているのであれば、こうした数値を見るだけでもいまの時代はハード寄りのメーカーよりソフトやクラウド系などのサービス提供者（プラットフォーム事業者）を選んだほうがいいのではないか、とわかります。もちろん、コンピュータ・アーキテクチャを学んでいただければ、どのような業界が伸びそうかもつかめるようになるはずです。こうしたグラフの将来予測もできるようになるでしょう。

OSの主流はWindowsではない

簡単にOSの歴史の話もさせてください。OSとはOperating Systemの略で、コンピュータに命令を伝える基本ソフトのことです。現在ではマイクロソフトのWindowsや、アップルのmacOSやiOS、さらにグーグルのアンドロイドなどが有名ですが、そのOSの歴史をひもとくとなかなか興味深いものがあります。

実はOSのメインストリームはユニックス（UNIX）と呼ばれるOSです。文系出身の人は聞いたこともないかと思いますが、決してWindowsではないことは頭の片隅に入れておいて損はしません。

1963年、マルティックス（Multics）というあらゆる機能を集約させた壮大なOSの開発がありました。そのユーザーの1人、ケン・トンプソンはそのマルティックスでゲームを楽しんでいたのですが、そのゲームを快適にプレイするために、高機能なマルティックスの機能を削《そ》ぎ落としていったといわれています。

その結果生まれたのがユニックスです。これが1969年のこと。その後、このユニックスを扱うメーカーや研究機関が増加することになります。

ユニックスはそこから枝分かれをしていくのですが、その派生品種で一番有名なものはカリフォルニア大学バークレー校とペンタゴンと呼ばれる米国国防総省が作ったBSD（Berkley Software Distribution）。そして、そのBSDの流れをくんだOSがカーネギーメロン大のマーク（Mach）でした。

実はそのマークをベースにOSを開発したのが当時アップルを追放されたスティー

ブ・ジョブズ。どうですか。少し話が面白くなってきたでしょう。

ジョブズはこのマークを土台にネクストステップ（NeXTSTEP）というOSを作ります。一方、ジョブズの抜けたアップルは皮肉なことにOS開発がうまくいかず、結局ジョブズの会社、ネクスト（NeXT）ごと買収します。そのおかげでジョブズはアップルに戻ってくるのですが、その結果アップルのOSはBSDベースの流れをくむことになり、それはいまのmacOSやiOSの開発につながっています。

ユニックス系OSはほかにもサン・マイクロシステムズ、コンパック、クレイ、シリコングラフィックスなどさまざまなメーカーが採用していくことになるのですが、非常に高価でなかなか一般人には手がでないことが問題でした。

そこでヘルシンキ大学のリーナス・トーバルズという学生が「誰でも使えるOSを作ろう！」とインターネット上で呼びかけて作りだしたのがリナックス（Linux）です。「リーナスさんによるユニックス」なのでリナックスといいます。

実はいまリナックスは幅広く使われていて、IBMやHP、クレイ、シリコングラフィックスも使っていますし、実は、みなさんもご存知のグーグルのアンドロイド（Android）も、リナックスから派生したOSです。

つまり、iOSを使っているiPhoneはBSD系、そしてアンドロイド系スマホはリナックス系。先祖を辿《たど》れば同じユニックスであるということです。

こうしたユニックスの歴史と比べるとWindowsは非常に歴史が浅く、そもそもまともに使えるようになったのはWindows95以降。ようやくWindows7くらいから安定しだしたといったところです。

その点、ユニックスは高い安定性が特徴なので、コンピュータが頻繁にフリーズするわけにはいかない基幹サーバなどでは昔からユニックスが使われてきています。最近はWindowsも安定してきたのでサーバで使われる場面も増えている状況です。

「2位でもダメ！」なスーパーコンピュータの現状

民主党の蓮舫議員が、2009年の事業仕分において日本のスーパーコンピュータ事業について「2位じゃダメなんですか？」という発言をされたことはみなさんの記憶にも残っていることでしょう。

世界のHPC（ハイ・パフォーマンス・コンピュータ。いわゆる、スーパーコンピュータのこと）の性能別ランキングでは日本のHPCはめっきりその存在感を薄めています。クレイ・リサーチと日本SGIの元役員であった正田秀明氏によると、そのひとつの理由は中国を含めさまざまな国が一般市場で入手可能なパソコンをベースにHPCを開発するようになったからです。

そして、もうひとつ大きな理由があります。それは日本のHPCは、日本独自のコンピュータ・アーキテクチャを使うケースが多いからです。以前はそれでも世界のトップ100に何台も名を連ねていたのですが、2008年6月時点のデータでは、トップ100に入るHPCのなかで日本独自のアーキテクチャはたったの1台しかありません。ではそれ以外はどんなアーキテクチャかというと、そのほとんどはインテル製、またはインテル準拠のアーキテクチャです。

それ以外でというと、IBMのブルー・ジーンくらいしかありません。CPUの設計・開発には1000億円以上の投資額がかかります。しかも、CPUは1回作ればその後、何十年も安泰なわけではありません。1年もすれば競合に抜かれてしまう技術革新のスピードは半導体製品にとっては「普通のこと」なのです。

継続的に莫大《ばくだい》な投資を続けるためにはお金が必要です。そしてそのためにはユーザ数が多い、大きな市場との連携が必須です。つまり、多くのユーザに支持されるCP

Uでないと民間企業は当然のこと、政府の支援事業であってもプロジェクトが継続しないのです。

そこでいくら「日本製だ！」と意地になっても、はなからコモディティ化を視野に入れていない設計ですから、到底インテルに追いつけないのは誰の目にもあきらかです。お金だけではなく、開発したプログラムをCPU独自の命令言語に変換するコンパイラなどの開発に携わるエンジニアの質も数もまったく違うのですから。

今後、日本のHPCが世界で継続的に存在感を増すには、世界標準のアーキテクチャを採用することしか現実的な選択肢は残されていないと思います。

それ以外の投資は、現時点でははっきりいって税金の無駄です。

フルCG映画が誕生した意外な背景

世界最古の壁画といわれているラスコーの壁画が描かれたのは3万〜1万年前とのこと。一方、世界最古の文字として知られているのはメソポタミア文明のもので、紀元前3500〜3200年前とされています。

つまり、人間にとってビジュアルでコミュニケーションしている期間のほうがはるかに長いということです。そしてコンピュータの未来も、ビジュアルコミュニケーション抜きには語ることはできません。

唐突ですが、ここで質問です。映画ではじめてCGが使われたのはいつでしょう?

1.『スター・ウォーズ』の1作目(1977年公開)でライトセーバーを描くとき
2.『スター・トレック』(1979年公開)で普通のカメラワークでは撮れないアングルの映像制作をしたとき
3.『ジュラシック・パーク』(1993年公開)で恐竜を描いたとき
4.『トイ・ストーリー』(1995年公開)でフルCGアニメーションを作ったとき

正解は1番の『スター・ウォーズ』です。そして監督はご存知、ジョージ・ルーカス。当初はライトセーバーの光を表現するために物理的なフィルムに1コマ、1コマ処理をしていたのですが、CGで作ったほうが早いということでライトセーバーの部分だけCGが使われました。

話は逸《そ》れますが、ジョージ・ルーカスは『スター・ウォーズ』がヒットし、一躍大きな富を築きます。ただ、『スター・ウォーズ』三部作の厳しさとストレスは、ルーカスの結婚生活を破壊することになります。カリフォルニア州の法律では、結婚時の資産をそれぞれ半分ずつ分けることになっていました。実にアメリカ的です。ルーカスにとっての財産は自分の会社です。そこでルーカスは泣く泣くルーカスフィルムのコンピュータ・アニメーション部門を売却することにします。

それをジョージ・ルーカスから買ったのが、これまた天才スティーブ・ジョブズで、これが後のピクサーです。ルーカスのいい値は3000万ドルでしたが、スティーブ・ジョブズは破格の1000万ドルで取引を成立させたのです。

ジョージ・ルーカスの『スター・ウォーズ』三部作の成功と離婚がなければ『トイ・ストーリー』も『ファインディング・ニモ』も誕生しなかったかもしれません。

20年前からあるヘッドマウントディスプレイ

CGを作る技術とその専用のハードについては3時間目のGPUの授業で詳しく話がありますが、グラフィックスをどう演算（再現）するかという技術と同時に「それをどうやって見せるのか」という表示技術も進化してきました。

とくに最近注目されているのは顔に装着するタイプのヘッドマウントディスプレイ（HMD）です。HMD型のプレイステーションVRも登場しましたし、オキュラス（オキュラスリフトが有名）もフェイスブックに買収されるなど、現在、同市場は非常に勢いがあります。

しかし、実はHMDを使ったVR（仮想現実）を作りだす技術は20年前くらいから存在しています。

ただ、20年前と大きく違うのは、それを構成するパーツ（半導体）が圧倒的に安くなっている点です。その最大の理由はスマホの登場で、コモディティ製品（どこでも入手可能な市販品）であるスマホが世界規模で広まったことで、従来高価だったジャイロセンサや解像度の高いディスプレイが安く入手できるようになったのです。私もかつてHMDを使った自動車の開発システムを作ったことがあります。

そのHMDをつけて周囲を見渡すと、自分が車のなかに座っているように見えます。ダッシュボードがあってハンドルがあって椅子があってと、車内からの風景を完全に再現しています。ガラス越しにはちゃんと周囲の人たちの姿も。これは内装のチェックを行うためのシステムで、HMDをつけたまま魔法の棒を持ってダッシュボードなどを触ると、色をワンタッチで変えることもできます。このようなシステムを使えば車メーカーはわざわざ実物のモックアップと呼ばれる実物大の模型を作る必要がないので設計時間を短縮できます。

ただ、当時はＨＭＤも非常に高価だったので、こういった開発環境を買える企業は限られていました。同時に複数人でＨＭＤを通して同じものを見るためには、２〜３億円必要でした。そのため、製品単価が高く、高度な品質管理が必要とされる自動車会社くらいしか導入できなかったのです。

ＶＲというと娯楽目的のイメージが先行しがちですが、このようなビジネスの分野ではかなり前から利用されているのです。

ＭＲ（複合現実）での会議風景

最後にひとつだけ私の得意分野といいますか、個人的に大好きなデジタルコミュニケーションについての話を簡単にしたいと思います。

私は長年エンジニアとしてＣＳＣＷ（Computer-Supported Cooperative Work）を軸に取り組んできました。日本語では「計算機支援協働活動」。コンピュータに手伝ってもらいながら人と人がつながって同じ目的で行う作業のことです。

CSCWは「対面型」と「分散型」、そして「リアルタイム型」と「蓄積・非同期型」の計4事象に分けられます。

デジタルコミュニケーションを考えるときは必ずこの4事象を念頭に置きましょう。「対面型」は文字通り、目の前にいるように感じるケースで、「分散型」は一応つながってはいるけどつながりが薄いもの。「リアルタイム型」はライブ感があるもので「蓄積・非同期型」は録画されたものを見るといった時間軸にズレがある場合です。

さて、ここでぜひとくに注目していただきたいのは第1事象となる「対面かつリアルタイム」です。この事象のポイントは相手の「存在感」です。これをアウェアネス（Awareness）といいます。「相手の存在」や「相手の行動」を把握できているほうが断然コミュニケーションがスムーズにいきます。

最もわかりやすい例が電話とビデオ会議の違いでしょう。相手がいまどこにいて、どんな表情をして、どんな体勢で話を聞いているのかわからない電話ではなかなか思いが伝えられなくても、相手の状況が見えるビデオ会議ならもう少し踏み込んだ話ができますよね。これが「対面」の力です。

また、いくら映像であったとしても、それが海外に出張中の上司から送られてきた30分近い講釈のビデオだったら、インタラクティブなコミュニケーションは成立せず、誰も真剣に見ません。これが「リアルタイム」と「蓄積・非同期」の違いです。

または同じビデオ会議でもスマホに小さく表示されている相手とやりとりするより、壁に映しだされた実物大の相手とやりとりするほうがより相手を近く感じるはずです。これがアウェアネスの差。限りなくフェイス・トゥ・フェイスに近いものほど、存在感が増大します。そういう意味では、相手の映像が目の前に浮かび上がるようなMR(複合現実)での会議は近いうちに実現すると思います。

もちろん他の事象でもメリットはあります。「分散」であれば同時に大勢が参加できますし、「蓄積・非同期」ならログとして残ります。よってサービスを作るときは用途をしっかり考え抜き、それに最も適した手段を考えることが重要です。

最後に決断するのは人間

最後にもうひとつだけ補足します。これから7回の授業を受けていただく過程で、コンピュータの性能が飛躍的に進化している事実を知り、きっと驚かれると思います。

ただ、忘れてはいけないのは、人間の性能自体はまったく変わっていないということです。コンピュータに膨大なデータを処理してもらうことは結構ですが、じゃあそれをどう使うのか、またはそれをどう整理して見せるのか。こういったことをきちんと考える人がいないとただの技術自慢で終わってしまいます。

近年、人工知能がもてはやされていますが、ビッグデータのなかから解を選ぶとき、複数の解の候補が考えられます。たとえば、飛行機を設計するときに、その指標として価格、運動性能、強度、搭乗人数、積載量などが考えられます。積載量の優れたものは輸送機、搭乗人数が優れたものは旅客機、運動量が優れたものは戦闘機になります。どんなに人工知能が発達したとしても、最適解の候補のなかから自分の解を選び、決断するのは人間だということです。

2時間目

CPUの進化が社会を変える

コンピュータの頭脳からテクノロジーを読み解く

2時間目 講師

安生健一朗《あんじょう・けんいちろう》

インテル株式会社 インテルアーキテクチャテクノロジーグループ 部長。工学博士。1974年、神奈川県生まれ。1998年、慶應義塾大学大学院理工学研究科コンピュータ科学専攻 修士課程修了。2004年、慶應義塾大学大学院理工学研究科開放環境科学専攻 後期博士課程修了。工学博士を取得。1998年、NEC入社。中央研究所にて、とくに動的再構成プロセッサの研究および製品化に携わり、SOCアーキテクトとして製品開発に従事。その後、日本TI(テキサス・インスツルメンツ)株式会社を経て2007年にインテルに入社。現在はインテルアーキテクチャテクノロジーグループ 部長としてパーソナルコンピュータ、組み込みデバイス、Internet of Thingsなどの幅広い分野で、SOCアーキテクトとしての経験を活かし、国内主要顧客への技術営業・コンサルティング活動を行っている。

コンピュータの頭脳「中央演算装置」

インテルの安生と申します。

みなさんもインテルという名前くらいは聞いたことがあると思います。ＣＰＵを開発・製造しているアメリカの半導体メーカーで、世界中に従業員が約10万人います。

ＣＰＵとはCentral Processing Unitの略で、中央演算装置と訳されます。単にプロセッサと呼ぶこともあります。

簡単にいえばコンピュータの頭脳であり、世の中にでまわっている多くのパソコンやクラウド／サーバコンピュータには、当社のＣＰＵが使われています。

本章の前半ではみなさんが知っているようで知らないＣＰＵの歴史や仕組みについて、後半はＣＰＵの進化がもたらす私たちの生活への影響について触れながら、ビッグデータ、ＩoＴ、ウェアラブルデバイスなどのＩＴキーワードを説明したいと思います。

ＣＰＵを構成する「小さいスイッチ」

約１００年前の１９０６年、コンピュータ誕生のきっかけとなったある発明がなされました。リー・ド・フォレストが発明した3極真空管です。真空管とは、ガラス瓶の中を真空またはそれに近い状態にして、プラス極・マイナス極になる導体を配置したものです。

この真空管の何が画期的だったかというと「オン・オフ」を切り替える電気的なスイッチとして機能したことです。詳しくは後述しますがCPUにしてもメモリにしても、すべて無数のスイッチで成り立っています。その点、3極真空管は人類がはじめて手にした電気的なスイッチであり、このペットボトル大のスイッチの発明がコンピュータの歴史の始まりとなったのです。

その後の1947年、ベル研究所（1920年代にアメリカのベル・システム社が設立）が真空管よりはるかに小さいスイッチとして、トランジスタを発明しました。トランジスタとは半導体（後述します）で作られた電気的なスイッチのことです。

そして1961年には、トランジスタを小さな半導体上にびっしり並べたIC（集積回路）が発明され、その後コンピュータの小型化、高性能化が一気に加速することになりました。

およそ1万7000本もの真空管で構成されていたエニアック（31ページ参照）は、

図3　ムーアの法則

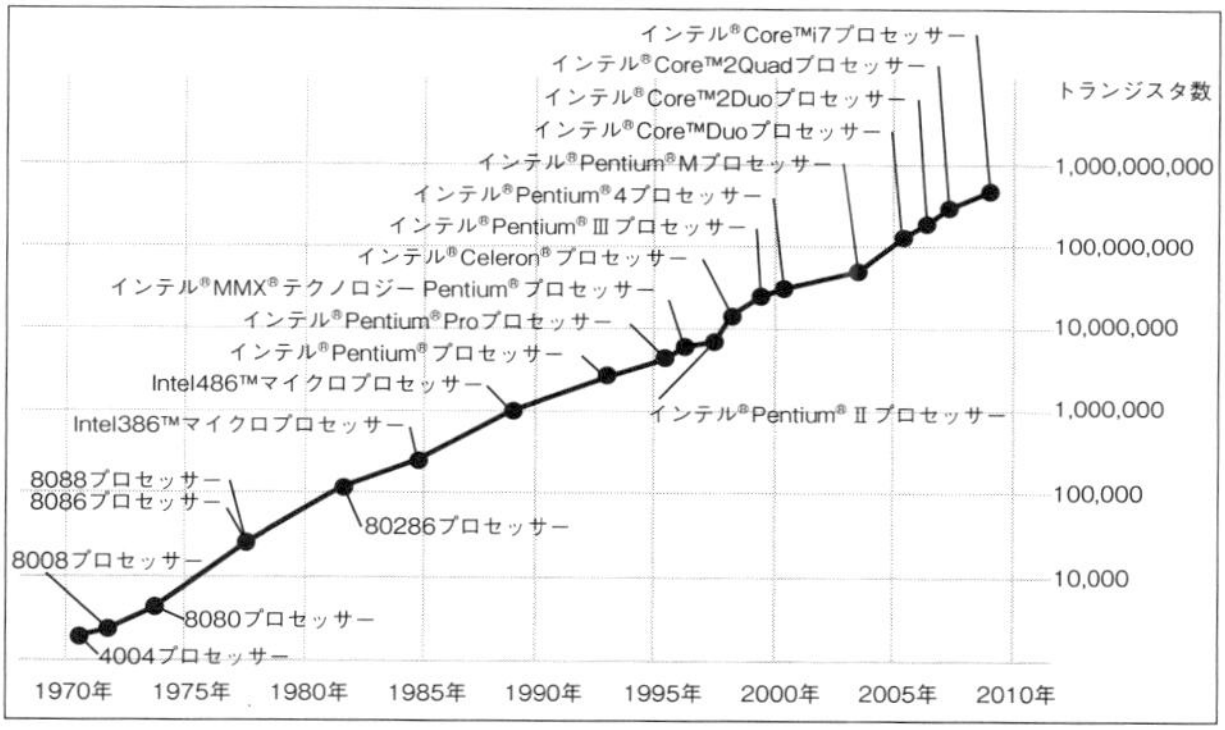

（出典 インテル）

まるで体育館ほどの大きさがありましたが、それから約25年後の１９７１年には、同程度の処理をたった３ミリ×４ミリのＩＣで実現できるようになっていました。そして現在でも、当社を含む半導体メーカー各社は「より小さく、より高性能に」という宿命を背負って日々研究開発に励んでいます。

ちなみに１９６１年にＩＣを発明したロバート・ノイスがインテル創業者です。

「ムーアの法則」って知っている？

インテルにはノイスのほかにもう１人創業者がいます。それがゴードン・ムーアで、「ムーアの法則（Moore's Law）」で有名です。

ムーアの法則とは、半導体の集積度、つまり一定の大きさの集積回路の上に搭載できるトランジスタ（小さなスイッチ）の数が「およそ18ヶ月で2倍になっていく」という法則のことで、1965年にムーアが論文で発表しました。

これは「予測」というよりは「決意表明」に近いものです。なぜならそのサイクルで半導体を進化させつづけないといけないのは自分たちインテルなのですから。実際、いまだにこのムーアの法則を追いかけているのが当社であり、その他の半導体メーカーもこの法則を半導体を進化させる基準として使っています。

さて、トランジスタが年々小型化することで何が起きたかというと、コストの軽減と高性能化です。半導体の原料はシリコンなので使う材料が減れば価格も安くなるのは当然です。また同じシリコン面積を持つ集積回路には搭載できる機能や性能を高めることができます。

その結果、コンピュータの低価格化と高性能化がすすみ、コンピュータが普及していきました。

終戦直後、コンピュータは世界にたったの5台しかありませんでした。しかも、重さ20トンもある化け物です。それが、月日が経《た》つにつれ国に1台、1社に1台、フロアに1台、家庭に1台と浸透し、ついに1人に1台になったといわれたのが２００８年あたり。「２００ドルＰＣ」と呼ばれる、お手頃なパソコンがではじめた時期です。また1台のコンピュータの性能も毎年向上しており、オペレーティングシステムのユーザインタフェース、表示できるウェブサイトの機能や、ゲームのグラフィックスなど、格段に飛躍しました。

そして現在は、デスクトップパソコンにノートパソコン、タブレット、そしてスマートフォンと、1人でコンピュータを4台持つ人も珍しくない時代になっています。

ウィルスより小さい現在のトランジスタ

シリコンに焼き付けを行うことで作られるトランジスタの大きさはどれくらいか想像できますでしょうか。ペットボトル大だった3極真空管からはじまったスイッチが、１００年でどこまで進化したか、という話です。

答えは髪の毛1本の直径にトランジスタがおよそ６４００個も並んでしまうほどの小ささです。

具体的にいえば、現在のトランジスタの大きさは14ナノメートル（ナノとはマイナス9乗）。一方で、髪の毛の太さは約90マイクロメートルです（マイクロはマイナス6乗）。トランジスタはインフルエンザウィルス（大きさ約100ナノメートル）より小さくなっているのです。

先ほど、ムーアの法則は「およそ18ヶ月ごとに集積度が2倍になる」と予測しているといいましたが、実際にインテルのCPUはムーアの法則に従って約2年に1回、他社に先駆けて新しい半導体プロセスを開発・導入しています（半導体プロセスとは半導体の製造工程のことで、新しいプロセスを立ち上げるためには多くの製造機器や工場の建設など、多額の資金と労力が必要となります）。集積度が上がるということは基本的にトランジスタが小さくなるわけですが、そのサイズは、2003年から2年おきに90、65、45、32、22、14ナノメートルとみるみる小さくなっています（実際にはこのサイズは本当のトランジスタのサイズとは若干異なりますが、イメージはつくと思います）。

ただ、いまインテルの半導体プロセス開発チームはひとつ課題を抱えています。

それはトランジスタが14ナノメートルとあまりに小さくなりすぎたので、シリコン原子の大きさに物理的に近づいてしまっているのです（シリコン原子の直径はおよそ

図4

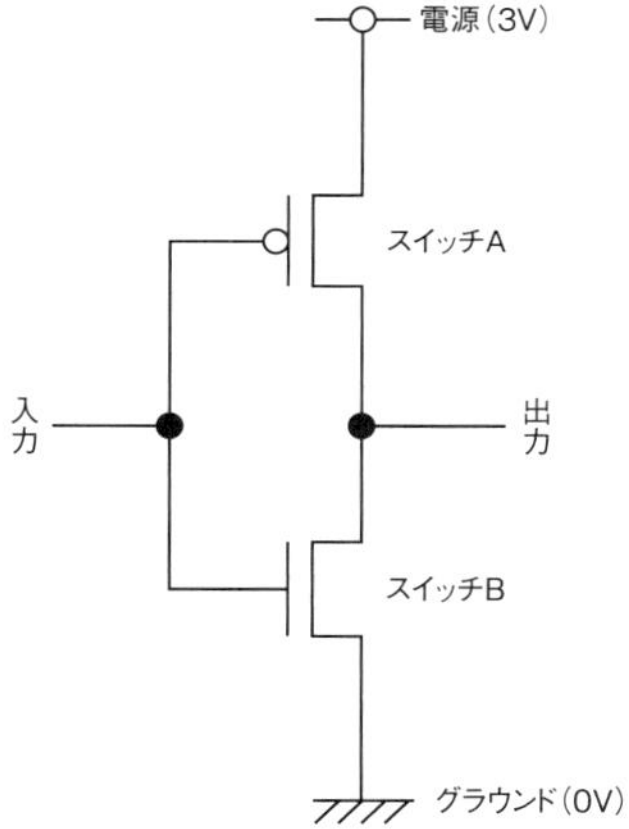

０・１ナノメートル）。とはいえ当社の研究者たちの熱意はさすがなもので、原子の大きさに近づいたからといってあきらめる人はいません。「どうすればこの問題を解決できるのか？」と日々、試行錯誤を繰り返しています。

なぜ「スイッチ」で計算ができるのか

ここで、先ほど飛ばしていた話に戻したいと思います。

「なぜスイッチでコンピュータができあるのか」という疑問にお答えしましょう。

上の図４を見てください。非常にシンプルな回路図です。

使っているトランジスタ（スイッチ）は

ふたつで、ここでは仮に、上のトランジスタを「スイッチA」、下を「スイッチB」としましょう。そして、図の左が「入力」で、右が「出力」です。電気信号が入力される入口と、電気信号が出力される出口だと思ってください。また、図の上部では常に3Vの「電源電圧」につながっています。一方の図の下は電圧の基準となる「グラウンド」につながっているので0Vです。またトランジスタには、オンのときはその両端はつながった状態、つまり両端がほぼ同じ電圧になる、という特性があります。

さて、この回路は次のような法則で動きます。

1. 入力が電源電圧と同じ3Vなら、スイッチAはオフ、スイッチBがオン。結果、出力は0V。
2. 入力がグラウンドと同じ0Vなら、スイッチAはオン、スイッチBがオフ。結果、出力は3V。

この2パターンしかありません。

ここで理解できなくても問題ありません。この説明をもっと簡単にいい換えれば次

図5　コンピュータの基本構成とプロセッサの位置づけ

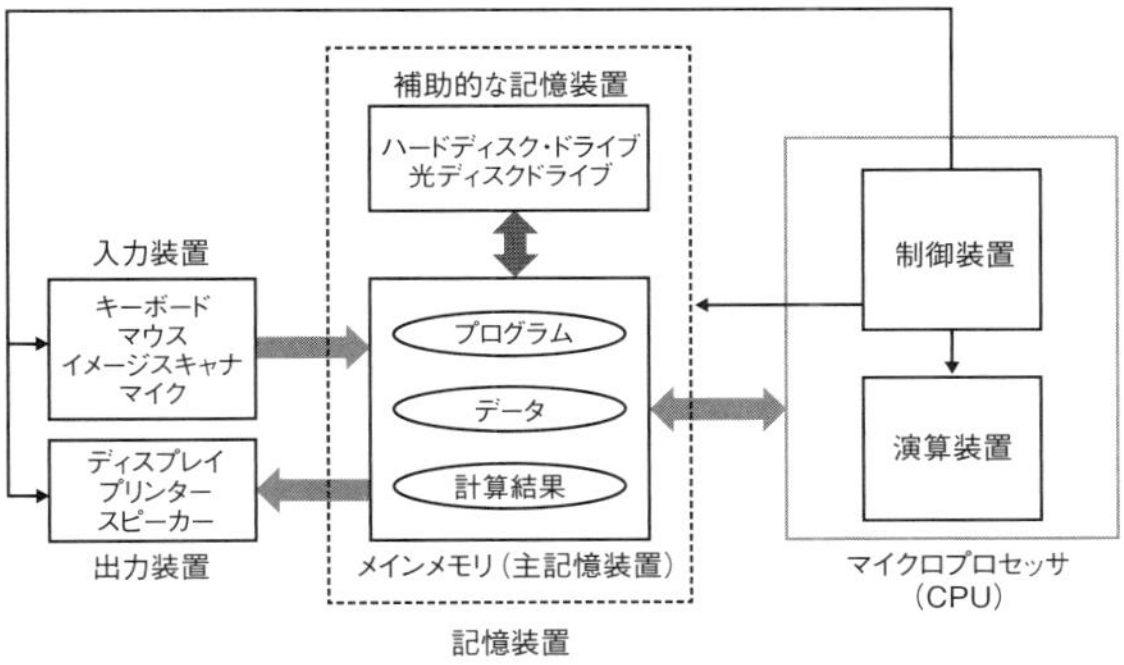

のようになります。

1．入力が「1」なら出力は「0」
2．入力が「0」なら出力は「1」

なぜ突然、「1」や「0」といいだしたかというと、コンピュータで取り扱うデータは、デジタル値、つまり「1か0（オンかオフ）」の組み合わせで表現しているからです。

この回路のように電源電圧が3Vであれば、3Vを「1」とみなし、0Vを「0」とみなしているだけの話です。データを記憶するメモリなども、実態はものすごい数のスイッチの行列であり、データは「1」

か「0」の形で保存されています。

ここで紹介した回路は、入力を「反転」させることに特化した回路で、NOT回路（インバーター）と呼ばれます。こうした特定の目的を持った回路を論理回路といい、ほかにもいろいろな種類があり、それらを組み合わせることによってどんな計算をする回路もトランジスタで作りこむことが可能になります。

CPUやメモリがスイッチの集合体であるという理由がなんとなくおわかりいただけましたでしょうか。

そもそもコンピュータとは

ここまで小さなトランジスタの話ばかりしてきましたので、話を大きくしましょう。「そもそもコンピュータとはなんだ?」という話です。

コンピュータを構成するパーツを簡略化して分けると、入力装置、出力装置、記憶装置（主記憶装置と外部記憶装置がある）、演算装置（CPU）の4つに分けられます。

このうち、読者のみなさんが普段触れているのは入力装置と出力装置です。

入力装置とはキーボードやタッチパネル、マウス、カメラ、マイク、ボタン、その他各種センサーなど。出力装置とはディスプレイやスピーカー、ＬＥＤ、プリンターなどです。そしてコンピュータ本体のなかで入力装置から入ってきた情報などを淡々と処理しているのが演算装置（ＣＰＵ）です。

また、入出力装置とＣＰＵの間に介在するのが記憶装置です。ＣＰＵはあくまでもデータを演算する担当なので、データを保存する担当は別にいるわけです。

記憶装置はふたつに分けられます。主記憶装置（メインメモリ）はデータの読み書きが速い代わりに格納できるデータの量が外部記憶に比べ小さく、また電源が切れるとデータが消えてしまいます。外部（補助）記憶装置は、データの読み書きは遅いですが、データの容量が大きく、電源が切れてもデータは消えません。前者は主にＤＲＡＭ（ＤＤＲメモリやＤＩＭＭなどと呼ばれることもあります）、後者はハードディスク（ＨＤＤ、ＳＳＤ［ソリッドステートドライブ］）、光ディスク（ＤＶＤやブルーレイディスクなど）、フラッシュメモリ（ＵＳＢメモリ）などが該当します。

このあたりの関係は橋本先生の1時間目の説明であったように、机と本棚の関係だと思ってもらえればわかりやすいです。本で調べ物をしようとするとき、1行読むたびに本棚に行き、また席に戻ってくるような人はいませんよね。この本を使うなと思ったら、目の前の机に本を置くはずです。それと同じことをコンピュータのなかで行っています。

CPUはいったい何をやっているのか

さて、「CPUがデータを処理する」といっても、実際にCPUが何をしているのかまったくイメージがつかない人がほとんどだと思いますので、できるだけわかりやすく説明してみたいと思います。

スマートフォンで使うアプリや、仕事で使うパワーポイント、さらにいえばWindowsやmacOSなどのOSは、すべてプログラムです。プログラムとはCPUから見れば「たくさんの命令の塊」。CPUはそれを順番にこなして結果を返す作業を行っています。

CPUが命令を実行するにあたっては4つの基本工程があります。

1．フェッチ

作業台（メインメモリ）に用意されている「CPUが次にこなすべき命令」を取

り、それを次の「デコード」に渡す。

2. デコード
命令を解読し、後述する「レジスタ」から演算に必要なデータを読みだして、次の「演算」に渡す。

3. 演算
デコードで解読された通りに計算をして、結果を次の「ライトバック」に渡す。

4. ライトバック
計算結果をデコードで解読されたレジスタに書く。

単純化するとこのようになります。
もう少し具体的に解説しましょう。たとえば「3＋5」という計算を行うとき、CPUがこなす命令は次の3行で表されます。

A←3
B←5

C←A+B

最初の命令は「Aに3を入れなさい」という意味です。

ここでいうA、B、Cとは、CPUが計算のために使う一時的な入れ物で、メインメモリとは異なり、CPUの回路のなかに存在する「レジスタ」といわれるものです。DRAMは作業台とたとえましたが、レジスタは人が使うメモ帳やノートのようなものです。あとで説明しますが、CPUとDRAMには速度差があるので、CPUは直接DRAMを読み書きさせず、レジスタに対して読み書きします。

実際に4つの工程でどう処理されるかというと、まずフェッチ担当が「A←3」という命令をメモリから取ってきて、それをデコード担当に渡します。この命令は演算が不要（矢印の下が3という数字だけなので演算不要と判断します）なので、デコード担当も演算担当もそのまま命令を横流しして、ライトバック担当がレジスタAに3と書き込みます。次の「B←5」も同じです。フェッチ担当が命令を取り、命令が横流しされ、ライトバック担当がレジスタBに5を書き込みます。今の時点でレジスタAに3、Bに5と書かれています。

さて、肝心の「Ｃ←Ａ＋Ｂ」の命令です。

ここでようやくデコード担当と演算担当が本気をだします。デコード担当はレジスタＡとＢに書かれている数字３と５を読みだし、演算担当に「３＋５を計算してＣに書き込め」と伝えます。そして演算担当は「３＋５」の計算をして結果８を導きだし、「８をＣに書き込め」とライトバック担当に伝えます。

そうやってレジスタＣに８が書き込まれて、これらの命令の塊であった「プログラム」は８という計算結果を答えとして得るのです。

ひとつのＣＰＵをもっと賢くする

上記の４つの工程を、実際の工場の生産ラインにたとえて考えてみましょう。ラインの上流からフェッチ担当、デコード担当、演算担当、ライトバック担当の４人が並んでいます。フェッチ担当がひとつ命令をデコード担当に渡したら、すぐさまフェッチ担当は次の命令を受け取りに行く、という動きのほうが担当それぞれが何もしていない時間が少なくなるので効率がよいです。

これが「パイプライン処理」と呼ばれる仕組みです。一定のリズムで、４人の担当者が同時に仕事をするのです。「せーの、はい！　せーの、はい！」とタイミングを合わせながら。

この一定のタイミングのことをCPUでは「クロック」といいます。CPUのスペックといえば「何GHz（ギガヘルツ）」といういい方をしますが、2GHzなら1秒あたり20億回も「せーの、はい！」といっていることになります（ギガは10の9乗、Hzは1秒当たりの回数）。つまり簡単にいうと、理論上は、2GHzのCPUは1秒間に20億回、命令を実行することができるのです。

ただ、4人が同時に仕事をしだすとさまざまな不都合もあります。

たとえば先ほどの「3＋5」の問題をパイプラインでそのまま行うと、ライトバック担当が「B」に「5」と書き込む前に演算担当は「A＋B」を計算しようとしてしまいます。しかし、Bにはまだ数値が反映されていないので、計算を誤ってしまいます。

このような事態を防ぐためのひとつの簡単な方法としては、「何もしない」という命令をプログラム中に意図的に差し込むなどの工夫をして、論理的な整合性を取ることです。ただ、この方法は作成したプログラムがCPUのパイプライン構造を意識しなければならず、複雑化してしまいます。そこで、別のやり方として、フォワーディングと呼ばれる方法で、ライトバック担当がレジスタに書き戻すと同時にその内容を演算担当にも教えてあげる、という方法が用いられたりします。

ではパイプライン方式をとりながら、さらにフェッチ担当やデコード担当の数を増員して流れ作業を細分化したらどうでしょう。当然仕事は速くなりますね。こういった技術のことをスーパーパイプラインと呼び、これもCPUの世界ではだいぶ前から行われてきています。当社が2000年に発表した「Pentium 4」というプロセッサではパイプライン段数が20段にも及びます。

一方、演算担当を複数配置し、手が空いた人に次々と命令を渡していく、というのがスーパースカラー方式です。これでクロックあたりの演算性能がぐっと向上します。

そして現在、CPUはどこまで進化しているかというと、スーパースカラー方式の工場を複数用意して同時に異なる仕事をさせる方式をとっています。これを「マルチコア」といいます。外見はひとつのCPUでも、実は脳がいくつか入っている。これが現在のCPUです。トランジスタが小さくなったおかげで、このような「大量生産」が可能になったわけです。

コンピュータの性能に大きく影響するメモリ階層

コンピュータのなかには記憶装置があること、そして記憶装置は外部記憶とメインメモリがあることは簡単に解説しました。

こうした記憶装置は、その製品によってデータを読み書きする速さ（アクセススピード）が異なります。実はこれがコンピュータ全体の処理性能に大きく影響します。

パソコンなどで使われている主な記憶装置にCPUがアクセスするときに要する時間は大まかですが次のようになっています。

・ハードディスク（HDD）……数ミリ秒レベル（1ミリ秒＝1000分の1秒）
・ソリッドステートドライブ（SSD）……数百マイクロ秒レベル（桁でいえばHDDのおよそ10倍速い）
・メインメモリ（DRAM）……数マイクロ秒レベル（桁でいえばHDDのおよそ1000倍速い）

CPU自体のクロックは、先ほど書いたように2GHzなら1秒に20億回。これを速度に変換すると、0・5ナノ秒になります。

つまり、CPUは超高速で命令を処理する能力があるのに、データや命令を取りにいくたびに無駄な待ち時間が発生することになります。とくにハードディスクはモーターを回してデータを読み取りますので、仮にいまのパソコンからDRAMを抜いてハードディスクだけでプログラムを動かせたとすると、画面はおそらくフリーズしているように見えるでしょう。それくらい遅いのです。

そのアクセス遅延にCPUの処理が少しでも影響を受けないようにするために、HDDやSSDに保存されているデータはメインメモリに一旦置いてから使用します。しかし、それでもメインメモリですらCPUの処理速度と比べたら4桁の速度差があります。

つまり、CPUがメインメモリに命令を取りにいったら、大まかにいって1個の命令を取るたびに1000クロック以上待たないといけません。これではCPUが2GHzで動作することの意味が廃れてしまいます。

そのために存在するのがキャッシュと呼ばれる特殊な記憶領域です。キャッシュはメインメモリとCPUの間に存在し、シリコンの上でCPUのすぐ近くにあり、CP

Uとほぼ同じ動作速度でアクセス可能です。

キャッシュとは「メインメモリに対して1回アクセスしたデータ及びその近くのデータはきっとまた使うだろう」という経験則に基づく想定で、メインメモリのデータの一部をキャッシュに読み込みます。その予測が当たっていればコンピュータはデータの読み込みでタイムロスをすることなく命令を実行できますし、仮に外れていたらメインメモリから読み込むことになります。

使うであろうデータはなるべくCPUの近くに置く。これがコンピュータ・アーキテクチャの基本です。

そしてCPUから近い順番に並ぶ記憶領域のレベル、すなわち、キャッシュ、メインメモリ、HDDといったレイヤーのことを、メモリ階層といいます。

メモリに革命を起こす「インテル 3D XPoint（クロスポイント）テクノロジー」

みなさんはお仕事などでUSBメモリを使われたことがあると思います。一方で、メインメモリのDRAMについても話を聞いたことはあるでしょう。

ではそれらの決定的な違いは何でしょうか。

まず、ＤＲＡＭがどうやって記憶するかについて簡単に説明します。ＤＲＡＭは、コンデンサー（蓄電器）が敷き詰められたシリコンであり、そこに電気を貯めたり放出したりする動きをします。先ほどのスイッチの話を思いだしてほしいのですが、ＣＰＵとしては、ＤＲＡＭのコンデンサーに電気が蓄えられていたら「１」とみなし、電気がなければ「０」とみなします。

ただ、コンデンサーはコンピュータの電源を切ると放電してしまうので、データが完全に消えてしまいます。

このように電源が切れたら記憶していたデータも消えてしまう性質を揮発性と呼びます。揮発性の記憶装置は構造がシンプルなゆえ、アクセスが比較的速いという特徴があるためメインメモリとして活用されてきたのです。

一方で、ＵＳＢメモリは長期間机のなかに放置していてもデータは消えません。なぜデータが消えないかというと、それはＵＳＢメモリではフラッシュメモリと呼ばれる特殊なメモリが使われているからです。このメモリでは、電子を閉じ込めることができる構造を持った特殊なトランジスタが用いられています（電流を通すと電子が通過するためそれを利用する）。そしてその閉じ込めた電子の量によって、トランジスタの特性を変化させて、0／1という値を記憶しています。そしてこの「電子を閉じ込める」という特長が電源が切れても維持されるため、〝不揮発性〟記憶装置として動作するのです。

Ｂｌｕ-ｒａｙディスクやＨＤＤ、ＳＳＤなども、それぞれ記憶のメカニズムは異なりますが不揮発性です。

ただ、いずれもＤＲＡＭと比べて、電源が切れてもデータは消えませんが、アクセススピードが遅いというボトルネックを抱えています（人間が使う上では不自由はしないが、ＣＰＵから見るとアクセス速度は遅い）。

と、ここまでが一般的な記憶装置の話です。

２０１５年秋に、当社から画期的な技術が発表されました。

「インテル　３Ｄ　Ｘｐｏｉｎｔ（クロスポイント）テクノロジー」と呼ばれるまったく新しい記憶保持技術で、ＤＲＡＭ並みの速さでアクセスでき、ＳＳＤ並の記憶容量を持ち、かつ不揮発性であるという特長があります。

ムーアの法則に沿って高性能化を続けるＣＰＵですが、記憶装置のテクノロジーはＣＰＵほどのスピードで進化していません。結果的に宝の持ち腐れ状態が長年つづいていたのです。

これはコンピュータ・アーキテクチャを考えるとき非常に重要なポイントかもしれません。ひとつのパーツが突出して進化しても、そのポテンシャルを引きだせる周辺機器、またはプログラムがなければ、ごく一部の恩恵しか受けられないのです。その点、今回の「インテル　３Ｄ　ＸＰｏｉｎｔテクノロジー」は大きな可能性を秘めています。

実はこの新しい記憶技術ではデータの記憶の方式にトランジスタを使わないので小さく作れます。しかも、アクセス速度が速く、不揮発です。

まだ発表されたばかりですが、数年後にはもしかしたら不揮発性のメインメモリ、といういままでの常識を覆すようなアーキテクチャが実現できる可能性があります。そしてこの技術をさらに進化させていけば、もはやＨＤＤやＳＳＤとメインメモリを区別する必要すらなくなる時代がくるかもしれません。

「インテル　３Ｄ　ＸＰｏｉｎｔテクノロジー」は、コンピュータの構造を大きく変えるポテンシャルを秘めているのです。

モバイルデバイス中心の時代

ここからはこの授業のまとめに入ります。

ここまで長々とＣＰＵとコンピュータの基本、そしてそれらがいかに進化してきたについて書いてきましたが、「そもそも性能とは何か」という本質的なことを考えてみたいと思います。

まずここで当社のコピーをひとつ紹介しましょう。

If it Computes, it does it BEST with Intel

このコピーは当社のビジョンそのものであり、インテルのＣＰＵを使っていただくことで世界中で人々に最高の結果を享受していただくことができます、という会社そのものの存在意義を示しています。「ＣＰＵのクロック周波数が速くなった」「小型化した」「膨大な計算を一瞬でできるようになった」。こうした進化が得られることは素晴らしいことです。しかし、そうかといって私たちの生活がより豊かで便利になるかどうかは別の話です。

大事なことはこうした技術進化をユーザーにとっての価値にどう還元するかです。なぜ多くの人がiPhoneを使うのか。それはきっと使い心地がいいからです。一方、アンドロイドのスマートフォンを使う人はそれを心地よいと感じるのでしょう。どう感じるかは人によって異なりますが、この「心地よさ」の追求こそ本当の意味での「性能」なのではないでしょうか。

いままでの世の中は据え置き型の「パーソナルコンピュータ中心」で、周波数やメモリ量といった、スペック至上主義の時代でした。それが今では「モバイルデバイス中心」の時代へと変わり、ハイスペックなパソコンが必要なときはそれを使う一方で、日常生活では使い心地を優先したモバイルデバイス（ノートパソコンやタブレット、スマートフォン）を多用する時代になりました。

そして今後はモバイル化とクラウド化がさらに加速し「ユーザ中心」の時代になると予測されます。つまり、小さなコンピュータがユーザの用途に応じて日常生活のあらゆる場面で介在するようになるのです。

コンピュータがもたらす「使い心地のよさ」

もちろん、ユーザといっても千差万別ですから、何をもって使い心地がいいかは人それぞれですし、コンピュータの活用のされ方もさまざまです。

たとえば現在のタッチパネル技術をひとつとっても、どれくらいのスピードで画面が反応するかはデバイスによって異なります。これも一種の性能です。

または今後は音声入力を持ったデバイスが確実に増えるはずですが、そうなると「より正確に聞き取り、知りたい情報を返す」ことが使い心地のひとつの基準になるでしょう。

もしくは、会議中や友達同士で会っているときなど、デバイス同士を近づけて画面をスワイプするだけで撮影した写真や動画などのデータを瞬時にコピーできたら、それは快適な使い心地になるでしょうし（ワイヤレストランスファー技術）、家に帰ってスマートフォンと無線ヘッドフォンを専用容器にポンと置くだけで勝手に充電してくれたら、きっと便利ですよね（ワイヤレスチャージング技術）。

人によって何に使い心地を求めるかはさまざまです。個々のユーザが求める使い心地を実現する多様なコンピュータが、今後の時代の主流になっていくはずです。

コンピュータに人の知覚を

こうした使い心地の追求のひとつの形として当社が力を入れているのが、センシング技術です。ここで掲げているミッションはずばり、「コンピュータに人の知覚を」。ユーザの目線や音声、動作、感情などを正確に把握することで、人間とのより自然なやりとりを可能にする技術です。なかでも人の視覚にあたる知覚を実現するための技術を、ＲｅａｌＳｅｎｓｅ（リアルセンス）テクノロジーと呼んでいます。

現在開発中のＲｅａｌＳｅｎｓｅカメラは、２次元の映像だけではなく、その画素の距離も捉えることができます。これによって、指の動きや人の表情といった細かい動作の把握を目指しています。たとえばマイクロソフト社のｘｂｏｘ３６０では体の動きによるジェスチャー認識が可能ですが、指の動きといった細かいジェスチャーには不向きです。しかし、ＲｅａｌＳｅｎｓｅカメラがあれば、モニターに表示される譜面を見ながら空中でピアノを弾いたり、指先の動きでゲームのキャラクターを操作したり、ベッドの上でライトを指さしたら電気が消えるといった、新たな入力インタフェース、そして新たな体験が生まれます。

第4の通貨、ビッグデータの時代

人、物、金につぐ第4の通貨といわれているのがデータです。いわゆるビッグデータのことです。クラウド・サーバ技術、さらにAIなどを用いたデータ分析技術がそれらを下支えしています。

以前、スイカやパスモのデータが売られていたことが新聞で話題になりましたが、個人情報保護の観点はさておき、それだけビッグデータには価値があるということのあらわれではないでしょうか。どんなデータであっても、それがユーザーまたは社会に還元できるのであれば、重要なデータなのです。

たとえばお店などで発行されるポイントカードを使っている方も多いと思いますが、おそらく利用する動機はポイントがつくからではないでしょうか。そのポイントは、店舗側からすれば「データ取得料」のようなものです。カードにはその消費者の購買履歴がすべて残っているわけですからそれを参考にして店の在庫管理に役立てたりしているわけです。

これはビッグデータがもたらす典型的なｗｉｎ－ｗｉｎの関係といえるでしょう。

ＣＰＵの小型化が可能にするウェアラブル技術

データを活用したサービスを提供する手段のひとつとして「ウェアラブルデバイス」というものがあります。

現在、最も普及しているのがヘルスケアの分野でしょう。いまやスマートウォッチで歩数や消費カロリーを計算するのは当たり前ですし、アップルウォッチのように心拍数を測るセンサーが搭載されているものや、マイクロソフトバンドのように体温を計測できるものもあります。

あと、最近ではフィリップスから、服にセンサーをつけて着ている人の感情を読み取り、それに応じて服に装着したＬＥＤの色を変えるといった面白いプロダクトも登場しています。データの活用法はアイデア次第でいくらでも湧いてきますので、今後もこうしたユニークな商品が増えてくることは間違いありません。

さて、このウェアラブルデバイスですが、実は小さいコンピュータそのものなのです。当社でもＣＰＵのラインアップの中でも小型用途向けに「Ｑｕａｒｋプロセッサ」と呼ばれるＣＰＵを開発し、それを使った「Ｃｕｒｉｅ」というウェアラブルにも使える小型コンピュータを発売しています。およそ、洋服のボタンくらいの大きさで、現在ファッション系、スポーツ系メーカのスマートウォッチなどでも採用されはじめています。

データ取得・解析・フィードバックからなるＩｏＴ

最近、ＩｏＴ（Internet of Things）という言葉がしきりに聞かれるようになりました。あらゆるデバイスをネットワークでつなげようという技術的なトレンドのことです。たとえば象印マホービンのｉ-ＰｏＴ（アイポット）は、単身で暮らすお年寄りに万が一のことがあったらすぐにわかるように、一定期間電気ポットが使われなかったら家族などに通知がいく商品とシステムを15年前から発売しています。これはまさにＩｏＴ。

では最近、なぜＩｏＴがブームになっているかというと、ＡＩ技術の発達と相まって、集めたビッグデータを活用し、より便利な新しいサービスに繋げていくためなのです。

もちろん、ユーザからすれば一方的にデータを取られてしまうのはただの監視社会になってしまい、受け入れられにくいかもしれません。しかしながら、いまのＩｏ

T、ビッグデータ、それを処理するAIは、その分析結果を使ってデバイス及びそれを使うユーザに「サービスを提供すること」を前提にしています。これが、IoTが目指している便利で豊かな社会です。

わかりやすい例を紹介しましょう。

ある幹線道路で交通事故が起き、大渋滞が起きているとします。それを街中に設置されたコンピュータ内蔵のカメラが道路の混雑状況を把握し、市の交通局のサーバに情報を送ります。そして交通局のサーバはそのデータを分析し、その幹線道路を送迎ルートに使っている学校や、街中の電光掲示板、周辺を走っている車などに渋滞情報を伝えることで、無駄に渋滞に巻き込まれることを回避できます。

このようにIoTの活用法はいくらでも考えられます。IoTの普及とはインフラから整備し、社会全体でそのメリットを享受することまで視野に入れているのです。

IoTを構成する6つの要素

せっかくですので、IoTを構成する要素を列挙しておきましょう。覚えておいて損はしないはずです。

・エッジデバイス……カメラなどのセンサー（ＩｏＴで末端につながっているデバイス）
・ゲートウェイ……エッジデバイスをネットワークにつなぐための装置
・ネットワーク……ゲートウェイやクラウド・サーバ間で通信しあうための手段（Ｗｉ－Ｆｉ、ＬＴＥなど）
・データセンター、クラウド、サーバ……ビッグデータを蓄積・解析するための巨大かつ高性能なコンピュータ装置
・分析・解析……ビッグデータの中から有益な情報を抽出するためにデータセンターやクラウド上で実行される計算
・サービス……分析の結果としてユーザや企業にもたらされる恩恵

ＩｏＴはこれらの６つの構成要素が複雑に絡み合って実現されます。今後の技術革新はどこかひとつの要素に遅れがあってもいけませんし、また全体としてどういったサービスにつなげるかを意識しながら進化させていかなければなりません。それによ

りＩｏＴを活用した新たな事業もどんどん生まれてくるはずです。

ジーンズ購入にもＩｏＴ

ここでひとつ、インテルが行ったＩｏＴの実証実験例を紹介しましょう。

ジーンズメーカーのリーバイ・ストラウス&カンパニーと共に行った店舗実験では、商品のジーンズのすべてに特殊なタグ（ＲＦＩＤ）を取り付けました。そして店舗の天井にゲートウェイを設置し、それぞれの商品の物理的な動きを記録できるようにしたのです。

タグがエッジデバイスにあたり、天井のゲートウェイがそのタグの位置情報を読み取って、その情報を逐次サーバ送信する仕組みになっています。

当然ですが、これは商品の在庫管理といった単純な目的だけのために付けたのではありません。

店舗内に構築されたＩｏＴによって何がわかるかというと、たとえば、あるお客様が商品を手に取ったあと店舗内をウロウロした揚げ句商品を棚に戻した、といった行動がわかります。こうしたひとつひとつのパターンを洗いだし、商品に問題があったのか、陳列に問題があったのか、それとも悩んでいるお客様をフォローできなかった店員の配置に問題があったのかといった要因分析が可能になるのです。

これは当然、店側としてもメリットがありますが、実はユーザーであるお客様としても、店舗からよりよいサービスを受けられることにつながり、満足度が上がることになります。

そしてインテルではこうしたビジネス事例を増やすべく、世界中でたくさんの実証実験を行っています。

3時間目　GPUとディープラーニング

並列処理という概念の実現

3時間目 講師

澤井理紀

さわい・まさき

エヌビディア合同会社 コンスーマーマーケティング部 VRマーケティングマネージャー。1979年、神奈川県生まれ。2005年、早稲田大学大学院情報生産システム研究科修士課程を修了、日本SGI株式会社に入社。OpenGLを使った可視化アプリケーションの開発やバーチャルリアリティシステムの構築に携わる。2009年、エヌビディア入社。ワークステーション向けGPUであるQuadroのソリューションアーキテクト、クラウド仮想化向けのGPUソリューションNVIDIA GRIDの立ち上げを経て、現在はコンスーマー向けGPUであるGeForceとバーチャルリアリティのマーケティングに従事している。

グラフィックス処理のために生まれたGPU

はじめまして、NVIDIA（エヌビディア）の澤井です。

私は大学卒業後、橋本先生と同じくシリコングラフィックスに入り、バーチャルリアリティのシステム構築などを経験したのち、GPUメーカーのエヌビディアに移りました。

CGやゲームに少し詳しい方であれば「GPU＝エヌビディア」というイメージがかなり定着しています。というのも、世界で初めてGPUを開発したのが当社だからです。

さて、GPUとはGraphics Processing Unitの略で日本語にすれば映像演算装置。CPUと似た響きとなっているのは、GPUを発明した当社にとって、GPUはCPUに匹敵するほど重要なコンピュータ・アーキテクチャの主力パーツになるという、一種の自信があったからです。

GPUはその名前の通り、コンピュータ・グラフィックス（CG）の処理を行うために登場したものです。

図6

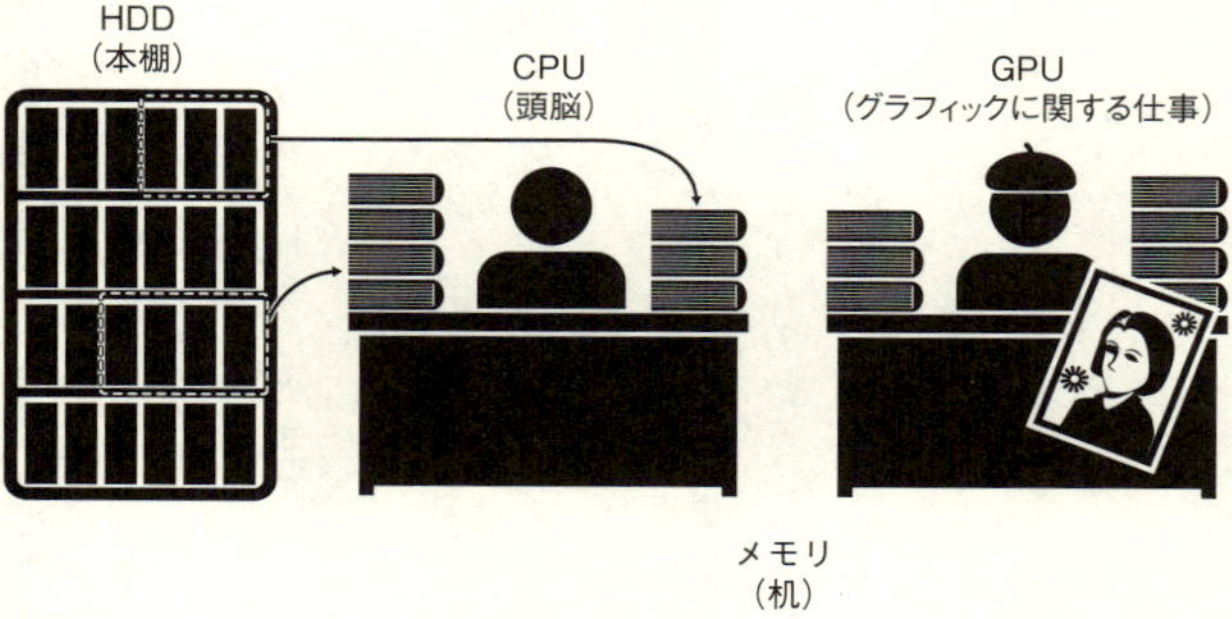

CPUは数学者、GPUは画家

コンピュータ・アーキテクチャの最もシンプルな概念として、1時間目で橋本先生が「本棚（HDD）と机（メモリ）と頭脳（CPU）の関係」を説明されたかと思いますが、最近のパソコンは実はその隣にもう1台机があります。

そこに座っているのがGPUです。CPUとの違いですが、CPUが数学者だとしたらGPUは画家です。つまりグラフィックスに関連する仕事をGPUに回すことによって、処理速度が大幅に短縮される、ということです。

本講義の前半はCG、とくに映画、設計、ゲーム、そして最近ではVR（仮想現実）

でも当たり前のように使われている、3Dグラフィックスについての基本を学んでいただき、後半は最新のGPU事情ということで、主にディープラーニングとGPUの関係について触れたいと思います。

ディープラーニング技術とGPUは密接に絡んでいて、自動車の自動運転技術やグーグルの音声検索に代表される音声分析、自然言語処理の分野で積極的に活用されています。実はGPUはその構造的な特徴から、グラフィックス以外の分野でもかなり注目を集めるようになっているのです。

のちほど詳しく説明しますが、キーワードは「並列処理」です。

3Dグラフィックスの原理

まずは3Dグラフィックスがどうやって作られているか簡単に説明します。

青森のねぶた祭りをご存知でしょうか。和紙で作られた巨大な人形型ねぶたが列を作って練り歩く荘厳なお祭りです。3Dグラフィックスはあのねぶたをイメージしてもらえればわかりやすいでしょう。

まず竹で枠組みを作って、そこに紙を貼って、その上に色を塗る。3Dグラフィックスを作る手順とまったく同じです。

ただ、ねぶたと違うのは3Dでの枠組みは曲線ではなく、必ず直線であること。もっといえば三角形で構成されることです。三角形は「面」の最小単位だからです。

面の組み合わせであっても、ものすごい小さい三角形を組み合わせていけば球体に限りなく近づくことができます。当然、その分コンピュータの負担は増しますが、理論上は「ほぼ球体」まで作ることはできる、ということです。

そしてこの三角形の組み合わせで作られたデータは縦と横と奥行きの3次元情報を持っています。しかし、現在の映像装置の主流は2次元ですので、3次元データをディスプレイに表示させるときは「3次元の情報」を「2次元の絵」に変換しないといけません。そのための計算処理を「レンダリング」といいます。

ただ、コンピュータにおける「2次元の絵」とは無数の点の集合体です。この点のことを「ピクセル」や「画素」などと表現しますが、ディスプレイに顔を近づけてみれば点の集合で成り立っていることがわかります。

よって3次元を2次元に変換するときはその無数の画素に何色が入るのかすべて計算しないといけないので、コンピュータにとってはかなりの重労働になるのです。

グラフィックスパイプラインとは？

このようなＣＧ作成の一連の流れをモデル化したものを、グラフィックスパイプラインといいます。学説的にはいくつか種類があるのですが、その一例を挙げます。

1. Ｇ（Generation）　シーングラフの生成
グラフィックスの表示に必要な3次元モデルのデータをアプリケーションが定義するデータ構造に従ってシステムメモリ上に構築します。このシステムメモリ上のデータ構造をシーングラフと呼びます。

2. Ｔ（Traversal）　表示データの抽出
構築されたシーングラフをたどって三角形の頂点データ群をＧＰＵに送ります。

3. Ｘ（Transform, Xform）　座標変換
三角形の座標をスクリーン上の2次元座標に変換し、また各頂点の明るさも計算します。

4. Ｓ（Scan Conversion）　塗りつぶし
スクリーン座標系の三角形の内部に含まれる色の計算をします。

5．Ｄ（Display）　表示

画素のデータを読みだして映像信号として出力します。

膨大な計算が必要になる３Ｄグラフィックス

このグラフィックスパイプライン通りに計算することで1枚のコンピュータグラフィックスが作成されるのですが、ゲームなどで見られるレベルのグラフィックスを描画するには、数百万～数千万個の三角形から構成された３Ｄデータの各頂点がスクリーンに投影されるか計算し、ディスプレイを構成する各画素（フルハイビジョンであれば約２００万個）の色情報を計算しなければなりません。さらにグラフィックスをアニメーションとして動かすには、１秒間あたり30枚以上の画像を処理することになります。

これらの処理をＣＰＵだけで行おうとすると相当な負荷がかかります。それならグラフィックス処理専用の半導体を使って、高速に処理しようとしたのがＧＰＵ登場のきっかけです。

CG、GPUの歴史① 画素の登場とCGの発展

ＣＧをもっと遡《さかのぼ》ると、その原点はどこにあるのでしょうか。何をもってＣＧのスタートとするのかは人によって分かれるのですが、私の考えでは１９４７年が大きな契機だったと思います。この年、プリンストン高等研究所（アメリカ・ニュージャージー州にある研究所）で複数の点から構成されるディスプレイ装置が開発されました。世界初の画素の登場です。

その後、１９６０年代に入るとＭＩＴ（マサチューセッツ工科大学）が行ったワールウィンドプロジェクト（WHIRLWIND PROJECT）で、グラフィックス処理された軍事情報などをディスプレイ上に表示する、当時としては画期的なシステムが作られています。

また同じ年代に、こちらもＭＩＴで、アイバン・サザランドがインタラクティブにグラフィックスを操作するスケッチパッドというシステムを作りました。タッチペン入力での製図ができるシステムです。

タッチペンとＣＡＤ（コンピュータを使った製図）の組み合わせは比較的新しい技術だと思われがちですが、その原型となるシステムは50年以上前に存在していました。

CG、GPUの歴史② 70年代に起きたアルゴリズム確立ブーム

1970年代に入るとCGの研究開発ブームがアメリカのユタ大学を舞台に起きます。スケッチパッドを開発したサザランドを含む、グラフィックスのアルゴリズム（グラフィックスを処理する手順を定めたもの）を提唱する逸材が同時に何人もでてきたのです。

1時間目で話がでてきたルーカスフィルムのコンピュータ・アニメーション部門の責任者であり、買収後のピクサーでも社長を続けたエド・キャットムル。いまだに絶大な支持を受けるプログラミング手法のひとつであるオブジェクト指向を発明したアラン・ケイ。フォトショップやイラストレーターで有名なアドビシステムズの創業者、ジョン・ワーロック。そしてシリコングラフィックス創業者のジム・クラークもいました。

このような優秀なエンジニアたちのおかげで、たくさんのアルゴリズムが生まれることになります。遅いマシンでもサクサク動くアルゴリズムが好都合な人もいれば、時間はかかってもいいから仕上がり重視の人もいるわけですから、こうやってアルゴリズムがたくさんでてきたことでCGのできることの幅が飛躍的に広がることになり

ました。

CG、GPUの歴史③　CGを各産業に浸透させたシリコングラフィックス

1981年になると、ユタ大学からスタンフォード大学に移っていたジム・クラークが、ジオメトリ・エンジンと呼ばれるものを発明します。

幾何情報を処理する専用ハードウェアで、三角形の頂点処理を高速に行うことができます。これによってCPUに対する負担がかなり軽減されることになりました。そしてジム・クラークが、このジオメトリ・エンジンを引っさげ、スタンフォードの仲間たちと一緒に立ち上げた会社がシリコングラフィックスです。Indy、Indigo2、Onyxといったグラフィックスワークステーション（業務用コンピュータ）やサーバを次々と作っていくことになります。

こうした専用マシンが企業の手に渡るようになったことで、映画のようなクリエイティブ産業だけではなく、製造業においてもCGを用いた設計が広まるきっかけとなりました。しかも単に設計するだけでなく、3Dを動かすことで実際にモノを作る前に実機の動作のシミュレーションも行うことができるようになりました。いまでは当

たり前の技術ですが、こうした技術が普及しだしたのは１９８０年代からだったのです。

CG、GPUの歴史④　世界初のGPU、GeForce 256の誕生

ＣＧ技術が浸透していった80年代のあとの１９９３年、エヌビディアが創業されます。

創業当初はパソコン用の映像処理エンジンを作っていました。最初の製品は「ＮＶ１」という画素の色の計算処理などを高速化する半導体でした。

このＮＶ１を使って実現したゲームが、パソコン用の３Ｄ格闘ゲーム「バーチャファイターリミックス」です。当時のゲーマーにとっては３Ｄグラフィックスで表現されたキャラクターが生き生きと動き、かなりインパクトのあるものでした。

そして１９９９年、ついに世界初のＧＰＵ、「ＮＶＩＤＩＡ ＧｅＦｏｒｃｅ ２５６」が誕生します。座標変換、光源計算、レンダリングなどをひとつの半導体に統合し、１秒間あたり１千万個以上の三角形を処理できる能力を備えてました。

CG、GPUの歴史⑤　進化を続けるGPU

ＧＰＵにより３Ｄグラフィックスの処理は劇的に高速になりましたが、２００１年にはプログラマブル・シェーダー、「ＧｅＦｏｒｃｅ３」が登場します。それまでのＧＰＵはハードウェアでグラフィックスを処理できましたが、その処理の「仕方」については決められていました。それがＧｅＦｏｒｃｅ３ではプログラムが自在に記述できるようになりました。肌の質感、光の反射具合、透明度など、好きなように絵作りできるようになったのです。

そこから少し飛んで２００６年。エヌビディアでは「ＧｅＦｏｒｃｅ ８８００」と呼ばれる商品から、統合シェーダーという仕組みを採用しました。

先ほどのプログラマブル・シェーダーでは、頂点の計算とピクセルの処理は別々のハードウェアが担当していました。それを統合したのです。

ハードウェアが分かれていると、頂点処理のハードウェアの負荷が非常に高い一方、テクスチャマッピングやシェーディングを担当するハードウェアのリソースが空いているという状況が起きることがありました。

そこでハードウェアを統合することで、頂点処理の負荷が高い場合にはすべての

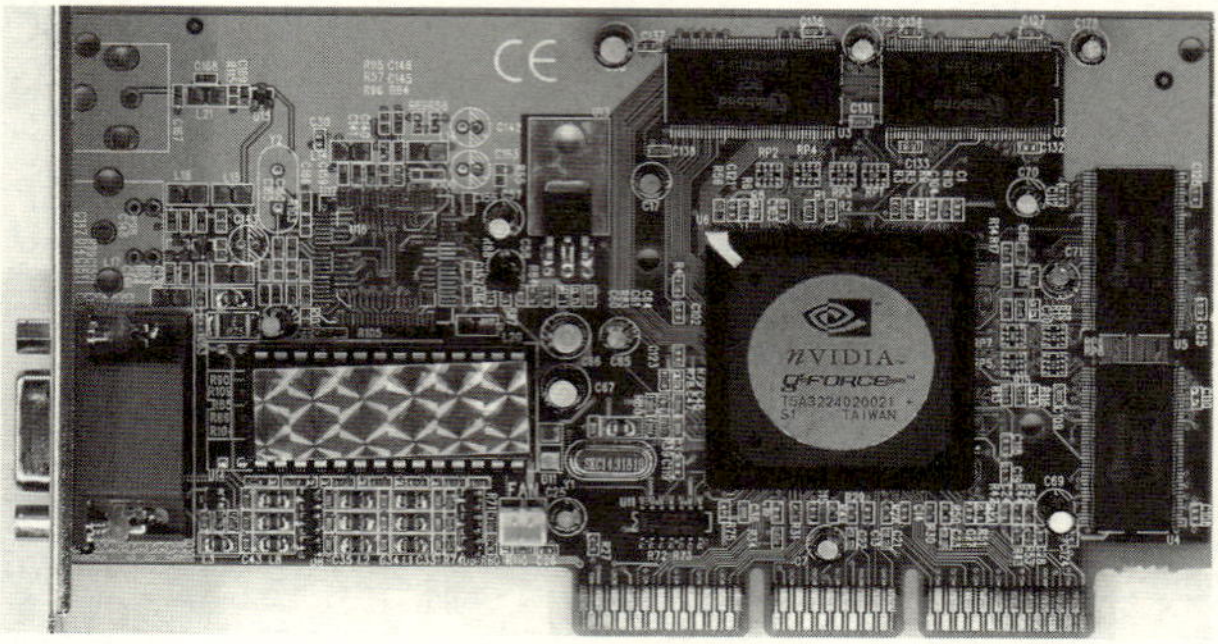

世界初の GPU である「NVIDIA GeForce 256」。

ハードウェアを使って処理できるという仕組みにしたのです。これによってGPUのパワーを最大限活用することが可能になり、グラフィックス処理も劇的に速くなりました。

最新の3Dグラフィックス事情

以上、CGとGPUの進化の足跡を辿ってきましたが、最新の3Dグラフィックスがどうなっているのかは、みなさんもご興味があると思います。

ひとつ例を紹介しましょう。ユービーアイソフトの「ディビジョン」という2016年に発売された近未来のニューヨークが舞台のゲームがあります。排気口から立ち上がる湯気や、現実のように降り積もる雪、きらめくネオン、その光が反射する水たまりや車など、本当によく作り込まれたグラフィックスが描画されていますす（サンプル動画はこちらです。http://www.ubisoft.co.jp/division/）。

ＣＧムービーのように見えるかもしれませんが、視点を含めて自在にキャラクターを動かせるのです。グラフィックス処理が高速化したことで、いまではＣＧムービー並みのクオリティのグラフィックスをリアルタイムで処理できるようになっているのです。

バーチャルリアリティ＝ＰＣゲームの７倍の仕事量

いまとくに３Ｄグラフィックスの活用場所として注目されているのが、バーチャルリアリティ（ＶＲ：Virtual Reality。「仮想現実」ともいわれます）です。

オキュラスリフトやＨＴＣ Ｖｉｖｅなどのヘッドマウントディスプレイが続々と登場し、従来は価格が高いがゆえに用途が限られていたＶＲが一気に広まろうとしています。

ただ、ＶＲはグラフィックス処理が非常に高いです。一般的なゲームであればフル

HDの解像度で毎秒30フレームのグラフィックスが処理できれば十分ゲームがプレイできます。しかしVRでは、4Kに近い解像度が必要となり、しかも「VR酔い」を防ぐために毎秒90フレームの滑らかなアニメーションも必要となります。これは一般的なPCゲームの約7倍の処理能力に相当します。

ですが、最新のGPUを使えば非常に快適に動きます。VRとGPUは非常に密接な関係があるのです。

並列処理を得意とするGPU

GPUの進化とは先ほど話した通り、扱える三角形の数や解像度の拡大、そして自由度（プログラマビリティ）の向上などがありますが、それを実現するために実はGPUは多数の演算コアから成り立っています。2016年に発表したTesla P100というGPUには、3584個の演算コアが搭載されています。

CPUもマルチコア化が進んでいますが、GPUが搭載する演算コア数は桁が違います。

ただし、ひとつのコアがこなせる処理量はCPUのコアにはまったくかないません。

「小さな仕事をこなす頭脳をたくさん持っている」。これがGPUの特徴で、設計思想からしてCPUとGPUはまったく異なります。

なぜ設計思想が違うのかというと、扱う仕事の種類が違うからです。

CPUが得意な仕事は、前の授業でも例があったように「Aに3を入れなさい。Bに5を入れなさい。AとBを足してCに入れなさい」といった、前の命令をやり終えないと次の命令が実行できない仕事です。

こうした種類の仕事を「逐次計算」や「逐次処理」といいます。逐次計算を高速に行うには、ひとつの頭脳を速くしたほうがいいわけです。

ところが、グラフィックス処理で使われるGPUが扱う仕事は、同時に大量の三角形の位置を計算したり、光の当たり方を画素ごとに計算したりといったものです。ひとつの画素の色味が決まらないとほかのピクセルの色味を決められないわけではありません。

だから小さな頭脳をたくさん用意して、同時に仕事をするほうが効率がよいのです。

このように同時進行でこなす種類の仕事を「並列計算」や「並列処理」といいます。

逐次処理と並列処理の違いをわかりやすくたとえてみましょう。

ピザを市内の10軒分に配達しないといけないとします。このとき、CPUは時速100キロで走る1台のトラックのイメージです。スピードは速いですが、1軒ずつ配っていくのですべての家に配達を終えるには非常に時間がかかります。一方のGPUは、時速30キロで走る10台のスクーターです。スピードは遅いですが、一斉に各家に届けにいくのでトラックより早く終わります。これは、10軒にピザを配達する仕事が並列処理に適した仕事である、ともいえます。

「GPGPU」って何のこと?

GPUは小さな頭脳をたくさん持っています。

これだけのコアがあるならグラフィックス以外にも使えるのではないかと、さまざまな分野の研究者が目をつけるようになりました。グラフィックス以外にGPUを活用することを、GPUコンピューティング、またはGPGPU（General Purpose〈汎用〉GPU）といいます。

GPUによる並列計算が広く利用されているのはスーパーコンピュータの世界です。東京工業大学のスーパーコンピュータ(TSUBAME)では4334個のエヌビディア製ＧＰＵが使われています。

そして、ＧＰＵが得意とする並列処理はさまざまな分野で利用されています。たとえば、新薬開発（分子動力学）、地質探査（リバースタイムマイグレーション）、車の設計（流体力学）、医用画像分析（トモグラフィー）、宇宙科学（ｎ－ｂｏｄｙ）、オプション取引（モンテカルロ）、電化製品開発（時間領域差分法）、天気予報（気候力学）などです。

ディープラーニングとＧＰＵの関係

ＧＰＵコンピューティングをとくに世間に知らしめているのが、人工知能の仕組みのひとつである「ディープラーニング」です。囲碁のプロ棋士を破ったグーグルの「ＡｌｐｈａＧｏ」も数百個のＧＰＵを使っています。

まずはディープラーニングについて簡単に説明しましょう。

神経細胞（ニューロン）は電気信号を通じて情報をやりとりしています。ニューロンの情報伝達の仕組みから着想を得てコンピュータ上で組み上げたものをニューラル・ネットワーク（以下、ニューラルネット）といいます。ディープラーニングでは、ニューラルネットを多重層構造にするによって学習データからコンピュータが自動的に特徴を抽出して学習できるようになります。

このディープラーニングが話題になったのは2012年のふたつの出来事でした。

そのひとつがコンピュータの性能を競い合うＩｍａｇｅＮｅｔというコンテストです。150万点ある写真から何が映しだされているのか認識してその正解率を競い合うものです。

前年のコンテストで1位を取ったコンピュータの正解率は74・3％でした。ところが、2012年にトロント大学のヒントン教授がディープラーニングを使ったマシンでコンテストに参加したところ、84・7％の正解率を叩きだして圧勝したのです。

これは画像処理の分野では衝撃的なことでした。というのも、それまでもハードウェア技術やアルゴリズムの進化によって正解率は年に1～2ポイントは改善していたのですが、それがいきなり10ポイント以上も改善したのです。

これに世界中の研究者が驚いて、みな一斉にディープラーニングに移行する現象が起きました。最近のコンテストではディープラーニングではないと勝負にすらならないレベルになっています。ちなみに2015年で1位だったのはグーグル製のＡＩで、正解率は95・１％。実はこの数値、人間の一般的な認識レベルといわれている94・１％を超えたという点で非常に大きな意味を持っています。

もうひとつの出来事は、当時のグーグルではＹｏｕＴｕｂｅの動画を人工知能に学習させていって、人の顔と猫を認識することに成功していました。ただ、それを実現するために１０００台ものサーバを使って処理をしていたのです。当然お金がかかりますし、メンテナンスも大変です。

そこで着目されたのがＧＰＵです。スタンフォード大学が、１０００台のサーバが行っていた処理を、たった12個のＧＰＵで実現したのです。ＧＰＵによるディープラーニングの処理効率のよさが世界に発信されるきっかけとなりました。

世界中の車にGPUが搭載される!?

ディープラーニングの活用方法として、実用化に向けてとくに活発に動いているのが自動運転技術です。ここ１年だけを見てもさまざまな企業が参入を表明していて、日本のメーカーでもトヨタがシリコンバレーにリサーチセンターを設立するニュースがありました。

実は、エヌビディアも自動運転に大変興味を持っていて、すでに実機を作って研究を進めています。そのひとつのプロジェクトがBB8と呼ばれているもので、フロントガラスに搭載したカメラだけで自動運転を試みています。

ディープラーニングはサンプルデータが増えるほど正しい答えに近づく仕組みなので、データが少ない実験当初はカラーコーンを跳ね飛ばすは、道路に覆いかぶさる木の枝にぶつかるは、ときには道をはみだすはと、ひどいものでした。

しかし実験開始から1ヶ月後、走行距離が3000マイル（5000キロ弱）を超えると、運転の質が見違えるように進化していました。

カラーコーンで作ったS字をスイスイ走り、雨の日でもスリップせずにカーブを曲がり、高速道路もスムーズに合流し、センターラインのない道でも対向車とすれ違う。さらに、舗装されていない道路でもちゃんと認識して走る。これがディープラーニングの持つすごみです。

また、2016年から自動運転を象徴する非常に面白い試みがはじまります。電気自動車によるレース競技、フォーミュラEのカテゴリとして「自動運転のカーレース」がはじまるのです。初年度は20チームが参加します。

使われる車両はエヌビディアのGPUを搭載したまったく同じ仕様のレーシングカーで、完全にコンピュータ制御されているので運転席すらありません。AIの優劣だけで競い合います。

なお、現在自動運転に取り組んでいる車メーカーはすべて、ディープラーニングの要としてGPUを使っています。いずれ世界中の車にGPUが搭載される日がくるかもしれません。

ディープラーニング技術が50兆円市場になる日

こうした目覚ましい成果をだしたディープラーニングは、自動運転以外でもさまざまな業界で広がりつづけています。その背景には、①アルゴリズムの改善、②ビッグデータの普及、そして③GPUをはじめとする計算パワーの増加といった3本柱が整ったからでもあります。

グーグル、アマゾン、フェイスブックのような最先端IT企業はもちろん、各種スタートアップ、医療機器メーカー、ロボットメーカーなどが、日々、さまざまな研究開発を行っています。活用例としては、画像分類・物体認識、顔認識、音声分析・自然言語処理、リコメンデーション、医用画像分析、地質調査などいろいろあります。

とくに音声分析と自然言語処理に関しては、みなさんも体感される機会が増えているのではないでしょうか。昔の音声認識技術では、うまく認識することが難しくて、はっきりと滑舌よく発生しなければなりませんでしたが、最新では自然に話しかけるだけでかなりの精度で認識してくれます。これも実はサーバ側にGPUとディープラーニングが使われているからです。

あと、マイクロソフトではユーザーがアップロードした写真に何が写っているか文章で答えてくれる無料のサービスもあります（https://www.captionbot.ai）。シンプルなインターフェースですが使っている技術は最先端のものなので（認証技術や自然言語処理）、ぜひ未来のコンピュータの姿を体感してみてください。

なお、ディープラーニング技術は今後10年間で50兆円規模の市場を創出するだろうともいわれています。GPU、そしてディープラーニングが今後さらに進化を続けていけば、本当に面白い社会が訪れると思います。

4時間目　ＩＴ社会を管理・制御するＯＳ

4時間目 講師

松林弘治《まつばやし・こうじ》

Project Vine副代表。1970年、兵庫県生まれ。大阪大学大学院基礎工学研究科博士後期課程中退。龍谷大学理工学部数理情報学科助手、レッドハット株式会社を経て、有限会社ヴァインカーブでLinuxを中心としたオープンソース開発・技術コンサルテーション・翻訳などを行う。並行して1999年よりVine Linux開発に参画、主にPowerPC版Macへの移植を担当、のちに副代表。2014年暮れにフリーとなり、引き続き開発・コンサル・執筆・翻訳を行う。近年は子供向けプログラミング教育への取り組みにも力を入れている。専門分野は、ユーザーインターフェース、オープンソースソフトウェア開発、プログラミング教育。

地味だけどコンピュータに欠かせないＯＳ

Ｖｉｎｅ Ｌｉｎｕｘ（ヴァイン・リナックス）の松林です。橋本先生の授業がなければリナックスという言葉を初めて聞く方もいたでしょう。Ｖｉｎｅ Ｌｉｎｕｘはリナックスの一種で、「日本人によって開発された、日本語の使いやすいリナックス」と思っていただければいいでしょう。

実はこのＯＳ、学生や現役のエンジニアがボランティアで集まって開発しているので、「Ｖｉｎｅ Ｌｉｎｕｘ」という会社があるわけではありません。そうはいっても私が開発に携わりはじめたのは１９９９年からなのでもう17年になります。逆にいえば、それだけ息の長いＯＳであることを実感しています。

ＯＳとは簡単にいえばアプリとハードを仲介するソフトのこと。アプリから見ればインフラのような存在なので「基本ソフト」と呼ばれることが多いです。一方の英語ではOperating System。直訳すれば「制御システム」ですね。何を制御するかというとソフトとハードの両方です。

たとえば、Ａというボタンを押したらＸという動作をする、一定時間が経ったら電気が消えるなど、基本な動作をＯＳが管理・制御しています。

まさに仲介役といった感じがすると思います。

OSは身近なところでも使われている

パソコンのOSでいえば、Ｗｉｎｄｏｗｓが最も有名といっていいでしょう。はじめて世にでてから20年以上経ちました。ｍａｃＯＳも30年以上前からあります。ただ、OSはパソコン、またはパソコンの延長であるタブレットやスマホ以外にも日常的に使われています。

たとえば駅の自動改札機。始発の前に電源を入れるとき、自動改札機のディスプレイ部分にOSが立ち上がるときにブートメッセージが表示されるそうです。ＹｏｕＴｕｂｅで確認したにすぎませんが、その特定の改札機ではどうやらＷｉｎｄｏｗｓを搭載しているようです。

あとは家電です。

現在の液晶テレビの多くはリナックスで動いています。ひと昔前は日本発祥のOSのＴＲＯＮ（トロン）というものもよく液晶テレビで使われていました。ＴＲＯＮはOSとして非常にコンパクトでサクサク動くので、安価なＣＰＵでも素早く制御できることが魅力。カーナビやプリンター、デジカメ、携帯などでも使われています。

ちなみに家電ではＯＳといっても、パソコンのようにハードディスクに載っているわけではなく、ＯＳとその家電を制御するプログラムはフラッシュメモリに搭載されています。

ＯＳが誕生した理由①　複数のプログラムを同時に動かしたい！

世界初の商用ＯＳは１９６４年に登場したＩＢＭの「ＯＳ／３６０」といわれています。ではなぜＯＳが必要とされ、誕生したのでしょうか。

その理由を３つに分けてみました。

１点目は、「ひとつのＣＰＵ（コア）は同時にひとつのプログラムしか実行できないから」です。みなさんが持っているノートパソコンやスマホなどはＣＰＵコアがふたつか４つあったりするので、実際には同時にふたつ、ないし４つのプログラムを動かすことはできるのですが、あくまでもひとつのコアはひとつずつのプログラムしか実行できません。

ところが、実際にはもっとたくさんのプログラムが同時に動いているように見えますよね。

たとえばスマホだと……

・時刻がずれないように自動調整する
・時刻を見てアラームを鳴らす
・タッチスクリーンを監視して、操作されたらその処理を行う
・携帯電話基地局と定期的な通信をして、電波の本数表示を変える

思いつくままに挙げましたが、おそらくさらにこの3～4倍は考えられるでしょう。

では実際、CPUはどうやって複数の仕事をこなしているのでしょうか。

仮にOSが存在していなかったら、ひとつの解決方法としては「一定時間が経ったら作業を止めて次のプログラムに移る」という命令をすべてのプログラムに書いて、超高速でバトンリレーをする方法が考えられます。

実際、大昔のmacOSはその原理で動いていました。

ところがです。その原理でコンピュータを動かすと、あるプログラムにバグなどがあって、そこで止まる（プログラム上の無限ループに陥る）と、「次のプログラムに移る」という命令が永遠に実行されないままなので、ほかのプログラムも道連れになっ

てコンピュータが止まります。

そこでＯＳの出番です。

ＯＳの重要な仕事のひとつは複数のプログラムの「切り替え」を行うことです。ＯＳの種類やコンフィギュレーション（設定）次第ではありますが、１秒間に１００回～数万回の頻度で切り替えを行っています。

その原理ですが、ＣＰＵには小さなタイマーが内蔵されていて、それが周期的に「割り込み信号」と呼ばれる合図を送ります。このタイマーはソフトではなくハードです。ですから、どれだけＣＰＵが忙しくてもそんなことはお構いなしに「切り替えろ！」と信号を送ってきます。

割り込み信号をＣＰＵが検知すると、ＯＳのなかの「切り替え担当」が強制的に始動するようにＯＳは作られています。

そうやって叩き起こされた切り替え担当は、プログラムのウェイティングリストのようなものを見て、「じゃあ次はＬＩＮＥさんお願いします」と指示をだすわけです。するとＬＩＮＥが動きだしてＣＰＵはＬＩＮＥから送られてくる命令をこなします。するとまた次の割り込み信号が入り、切り替え担当が叩き起こされる。ひたすらこれの繰り返しです。それがあまりに高速で切り替えているので人間の目には同時に動いているように見えるだけです。

ちなみにOSがない時代、コンピュータの黎明《れいめい》記は、プログラムの切り替えはすべて専任の「ジョブ管理人」が行っていたそうです。高価で希少なコンピュータなのに1人ずつしか使えない。そういった不満もOS開発を後押ししたのです。

OSが誕生した理由② 異なるハードウェアでもアプリを動かしたい！

同じパソコンの機種であっても型番が違うといったことはよくあります。試しにアップルのHPでＭａｃＢｏｏｋの型番を調べてみたら「Retina + 12inch + Early 2016」モデルであっても、8種類も型番（モデル番号）がありました。型番が違うということは使われているＣＰＵなりメモリなりＨＤＤなりに、何かしらの違いがあるということです（ＭａｃＢｏｏｋの場合は本体の色によってもモデル番号が変わりますが）。

しかしハードの型番が違っても実際には同じバージョンのアプリが動きますよね。これがふたつ目の理由。「バラバラなハードウェア環境の上で、できるだけ同じソフトウェアを動かしたいから」です。

ＯＳのひとつの仕事は、ハードの違いを吸収して、ＯＳの上で動くアプリがハードの違いを意識しなくてすむようにすることです。

たとえば、みなさんが普段、パワーポイントで「ファイルを保存」を選択するとき、保存先がハードディスクであろうがＵＳＢメモリだろうがクラウドストレージだろうが、すべて同じ「ファイルを保存」を選ぶだけで保存できてしまいます。また印刷をするときも、出力先がインクジェットプリンターだろうがレーザープリンターだろうがファックス複合機だろうが、同じように「印刷」をクリックするだけでいいはずです。

これが可能なのは、ハードディスクに保存するときはハードディスクに対する個別の命令を、クラウドに保存するときはその独特の命令を、アプリの代わりにＯＳが実行してくれているからです。

それをしてくれるからこそ、各種アプリは「ｍａｃＯＳ対応」などといったざっくりしたバージョン分けをするだけでいいので開発が楽なのです。ＯＳがあるからこそアプリの汎用性が高まる、というい方もできます。

ハードウェアとの通訳担当、HALとデバイスドライバー

ではOSがどうやってハードの違いを吸収しているのかというと、実はOSのなかには個々のハードウェアとコミュニケーションを行う通訳担当がいます。

この通訳担当を専門的な用語では「ハードウェア抽象化レイヤー」、通称「HAL」といいます。お馴染みのデバイスドライバー、または単にドライバーと呼ばれるものも、このHALを通じて動いています。

新しいプリンターをつないだときなどに「ドライバーが見つかりません」といったメッセージを見たことがないでしょうか。これはOSからすれば「なにか機器を接続したみたいだけどあいにく通訳担当が見つからないので動かせません」といっているのと同じです。そういったときはプリンターを作ったメーカのサイトからドライバーをダウンロードしたり、プリンターに付属してくるCD‐ROMにドライバーが入っていたりするので、それをインストールする必要があります。専属通訳の追加です。専属通訳はHALという大元の通訳を通じて、ハードとやりとりします。

ハードと直接やりとりをするのはHALのみ、と決め事になっているので、その他のOSは上位で動くアプリと同様、ハードの差を気にする必要がありません。このよ

うにＯＳといっても階層があり、ハードと直接やりとりする通訳担当と、実際に命令を下す司令部が明確に分かれています。

ＯＳの司令部がだす命令は、ある意味あいまいであり抽象的です。「このデータを保存しろ」といったレベル。しかし通訳担当がその抽象的な命令をハード固有の具体的な言葉に変換してくれるので、それでまったく問題ありません。

入力がある場合は逆で、ＨＡＬやデバイスドライバーは具体的な情報を抽象化してＯＳの司令部に伝えます。たとえばポインティングデバイス（画面上での入力機器の総称）がマウス、タッチパネル、ジョイスティック、タッチペンであろうと、ＯＳの司令部が知りたいのはカーソルをどの方向にどれだけ動かせばいいのか、またはクリックされたかどうかといった情報だけですからね。それがマウスの指示なのかタッチパネルの指示なのかといった情報はどうでもいいのです。

このように、ハードの違いを吸収するために抽象的な指示をだすことをハードウェアの仮想化といいます。仮想化は6時間目のメインテーマですから深くは説明しませんが、非常に大事な概念なのでいまのうちに頭の片隅に置いておきましょう。

図7　ハードウェア抽象化

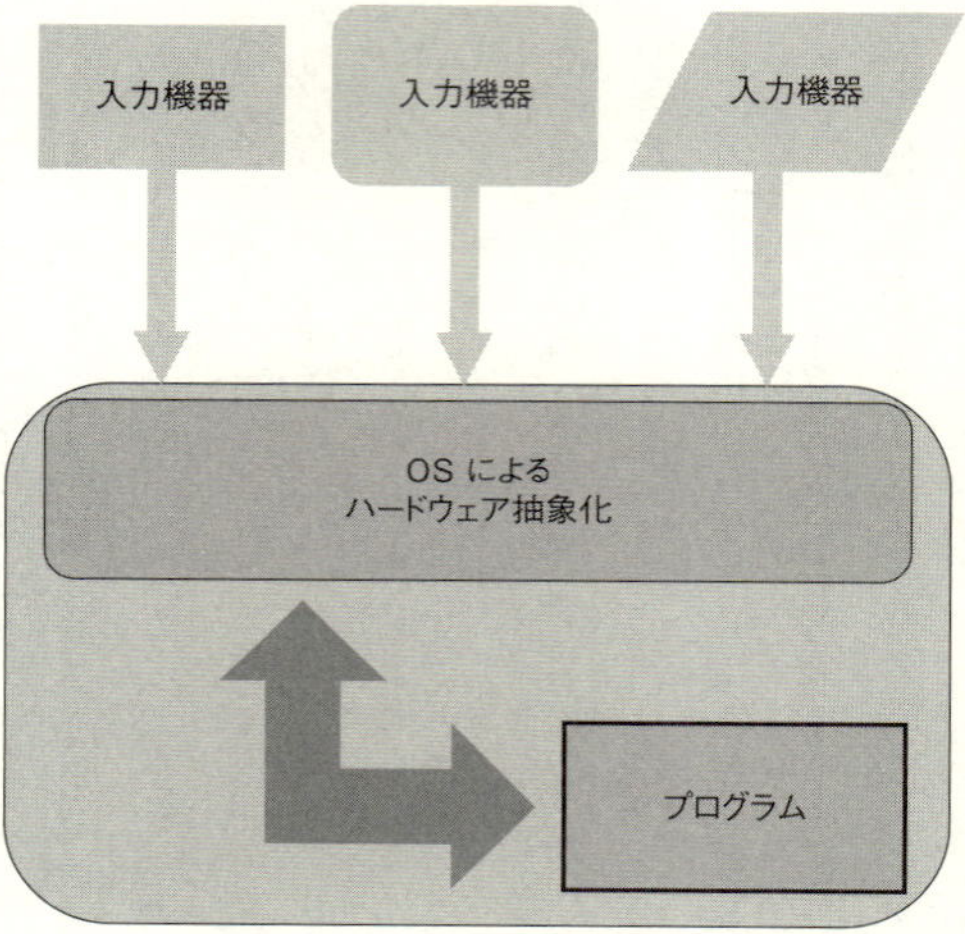

パソコンはファイルをどう探しているのか

デバイスドライバーに似たものとして、ファイルシステムと呼ばれる仕組みがあります。記憶装置を効率的に使うために生まれました。

最近のスマホやタブレットで使われているOSではユーザーがファイルシステムを見る機会が減っていますが、パソコンユーザーであればフォルダ（ディレクトリ）階層は馴染みのものでしょう。あれこそファイルシステムの抽象化作業の結果です。

どういうことかというと、HDD

でもＳＳＤでもＤＲＡＭでも、データの保存領域には必ず「番地」が振られています。でも、ユーザーからすれば特定のファイル（やフォルダ）がＨＤＤの何番地に保存されているかなど知りたくもないでしょう。もっといえばメモリやＨＤＤ上では、ひとつのデータが連続した番地に置かれているとは限りません。飛び飛びで置かれているのが普通です。「このデータは何番地と何番地に置かれている」といった情報を人間で管理するわけにはいきません。

これはユーザーだけではなく、ワードやエクセルのようなアプリケーションソフトも同じ気持ちです。番地のことなどは気にせず、単に「営業」フォルダ内にある、「見積書.xls」を読み込めと指示するだけでファイルが開けたら楽ですよね。

その命令に応じて、的確にファイルを探してくるのがファイルシステムです。どの番地にどういった名前のファイルが置かれているか。そして、どの番地は空いているかといった膨大な情報を監視し、管理し、だし入れをする優秀な倉庫番です。

そのときにファイルシステムが使う台帳のようなものを、ファイルアロケーションテーブル（ＦＡＴ）といいます。ファイルやフォルダ（ディレクトリ）と表現されているものは、ユーザーが直感的に認識しやすいようにメタファーとしてファイルシステムが変換してくれたものにすぎません。

アプリにはない特権を持つOS

OSがもたらすもうひとつの重要な恩恵は、「意図せぬデータの書き換え」を防ぐことです。もしOSがなく、各アプリケーションが好き勝手にHDDやDRAMを書き換えていると、アプリAが本来参照するはずだった番地のデータがいつの間にかアプリBによって書き換えられている可能性があります。

そういうことがないように「多重仮想記憶」という概念が生まれました。すなわち、「アプリAはこの番地からこの番地を使いなさい」「アプリBはこの番地からね」とOSがあらかじめ割り振ってしまうのです。各アプリごとに、独立した番地、つまり好き勝手に使っていい記憶領域を割り当てられるのですから、あたかも独立した記憶デバイスを与えられるようなものです。たとえるならシェアハウス。実際には一軒の家なのに、そのなかに仮想的な小さな家が複数存在する。だから「多重」で「仮想」なのです。

また、意図せぬ書き換えを防ぐという話でいえば、OSは特定の記憶領域を普通のアプリケーションに触らせない特権を持っています。

よく見かけるものとしては、書き込み禁止のファイルがありますよね。ＯＳを使ってファイルの設定を「書き換え許可」に変えない限り、上書きができません。書き換え以外にも、閲覧や実行に関しての許可設定はＯＳしかできない仕事です。

このように、コンピュータのなかのリソースを安全に使うために、ＯＳは一般的なアプリとは別物として存在し、その管理を一任され、メモリ保護、仮想記憶、権限管理といったことを行っています。

ＯＳが誕生した理由③　プログラムを書く量を減らしたい！

パソコンを動かすのにいちいちすべての命令を書いていては大変ですし、効率が悪いです。

たとえば「画面に表示をさせる命令」「マウスの動きを検知する命令」「ファイルを保存する命令」などは、ほぼすべてのアプリケーションが使うわけですよね。だとすれば汎用的な命令はＯＳのプログラムのひとつとして標準装備させて、どんなアプリもそれを呼びだすだけで使えるようにすれば、ソフト開発の手間が大幅に短縮できます。

これが3つ目の理由。「プログラムを書く量を減らすため」です。

OSが提供している汎用性の高いプログラムのことをライブラリといいます。入出力デバイスへのアクセスを扱うライブラリや数理演算のように頻繁に使うルーチンを扱うライブラリなど、OSによっていろいろなものが用意されています。

OSの本質的な役割はCPUの割り当てやメモリ管理、ハードウェア抽象化といったことであって、これらの役割を担う中心的なプログラム部分をカーネルといいます。一方のライブラリは、そのカーネルと共に動く、どちらかというとアプリ寄りのプログラム、便利なルーチン集なのですが、より広い意味で解釈すればライブラリもOSの一機能といえます。

OSの構造の一例として示したのは（**図8**）、「Windows 2000」と書いていますが、いわゆるNT系のアーキテクチャ。図の一番下がハードウェアで、その上にある、ハードウェアを抽象化するHALを介して、カーネルやドライバーがハードウェアにアクセスします。その上位に、入出力管理、メモリ管理、電源管理といったさまざまなライブラリが存在しています。さらにその上にアプリを動かすためのGUI（グラフィ

図8　Windows 2000 architecture

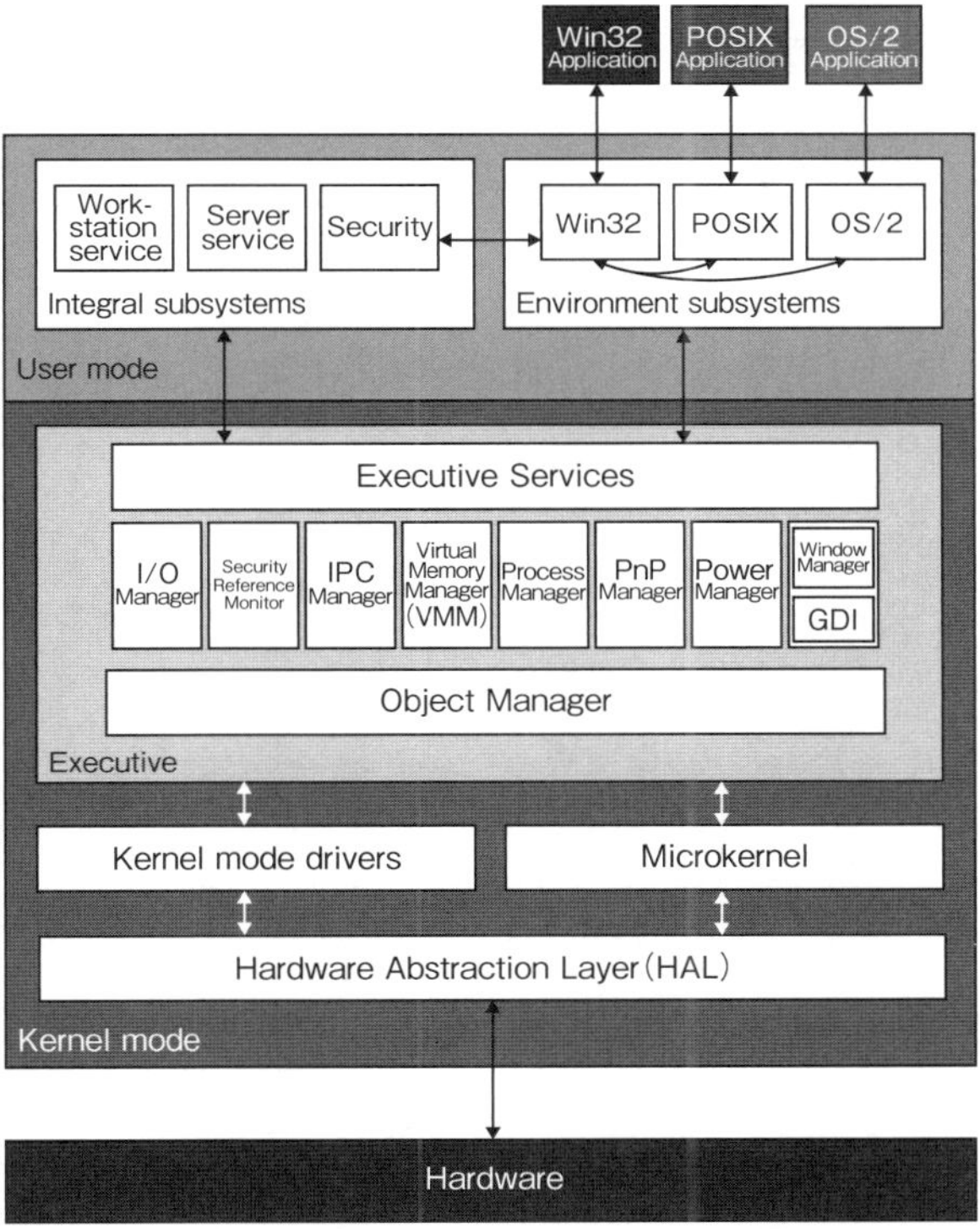

（出典 ウィキメディア・コモンズ）

カル・ユーザ・インタフェース）ツールキットなどが重なっています。それらをすべて含めて、いわゆるOSとして動いているわけです。

このOSの仕組みはiOSでもアンドロイドでも同じです。

ですからiPhone用のアプリを作るといっても、プログラマーが行うことは見た目や使い勝手（ユーザーインタフェース）の作り込みと、機能の組み合わせをどう考えるかだけ。もちろん、それでもプログラムの量は数万行といったレベルになるでしょうが、自分で一から書いていれば、数億行単位になってしまいます。

「APPLE LISA」に至るまでのパソコンの系譜

難しい話が続いたので、少し軽いネタとして一般家庭向けのコンピュータ、いわゆる「パソコン」「マイコン」の歴史について触れておきます。

昔のコンピュータは非常に高価で大きなものでしたが、1970年代になるとどんどん安くなり、小型化されていきました。それなら、1人1台コンピュータが使えるようにすることで、個々の創造的な活動に役立つのではないかと提唱したのがアラン・ケイ。これを「DYNABOOK構想」といいます。

この構想に乗って世界初の本格的なパソコンとして発売されたのが１９７６年の「ＡＰＰＬＥ Ｉ」。ご存知、アップル創業者の1人、スティーブ・ウォズニアックがガレージで作ったマシンです。そして１９７７年には商業的に初めて成功した最初のパソコンとなる「ＡＰＰＬＥ Ⅱ」が登場。なんと５００万台も売れます。いまのエクセルにつながる世界初の表計算ソフト「Ｖｉｓｉ Ｃａｌｃ」（１９７９）も大ヒットしました。

ただ、この「ＡＰＰＬＥ Ⅱ」でもＯＳはほとんど使われていませんでした。メモリ容量が少ないので、ユーザーが用途に応じてプログラムを書きなさいという前提だったのです。ちなみに「ほとんど」といったのは、ＣＰ／Ｍという非常にシンプルなＯＳはすでに存在していたからです。

本格的なＯＳが搭載されたパソコンが発売されたのは１９８１年。ＩＢＭの「５１５０」で、使われたＯＳはＭＳ‐ＤＯＳ。いまのＷｉｎｄｏｗｓのご先祖様です。

そしてその2年後の１９８３年にはスティーブ・ジョブズが旗振り役となって作った「ＡＰＰＬＥ ＬＩＳＡ」が登場。このマシンでは、パソコンとしては初の本格的なＧＵＩを備えたＯＳを装備。さらにマウスやワープロ、お絵描きソフト、表計算ソフトなどを標準装備していました。

直感的にコンピュータを使うためのＵＩ

ＧＵＩについて補足をします。先ほどのファイルシステムの話ででてきたフォルダ階層などはまさにＧＵＩです。

フォルダであればフォルダの絵としてみせる。階層構造なら階層の絵としてみせる。ゴミ箱ならゴミ箱の絵としてみせる。そしてゴミ箱に捨てるときはファイルをつかんで、ゴミ箱に持っていき、手を離しているように見せる。このように、ユーザにとって「よりわかりやすい」と思わせる見せ方や操作感の工夫のことをＧＵＩといいます。

ＧＵＩだけではなく、入力の仕方などを含むＵＩ全般は、コンピュータをより直感的に、より快適に使うためにＯＳにとって非常に重要な要素になっています。

とくに最近はコンピュータがどんどん高性能になって、できることが増えていっているので、なおさらコンピュータがどう動いているのか見えづらくなっています。高性能なのにどうやって使っていいかわからないようでは意味がありません。その橋渡しとなるのがＵＩ（ユーザ・インタフェース）です。

ＵＩの進化はどんどん進んでいきます。10年、20年後にはみなさんも「昔って画面を触っていたよね」という会話をしているかもしれません。

ただ、どういう時代になっても、人間がコンピュータと対話をするときにその介在をするのがＯＳであるという基本概念は変わりません。

従来のＯＳはコンピュータの内側のことばかり見てきましたが、今後のＯＳはコンピュータの外側、つまりユーザをどれだけ意識できるかで商品の差別化が図られていくのではないでしょうか。

ＵＮＩＸの設計思想

さてここからはユニックス（ＵＮＩＸ）やリナックスの特徴である「オープンソース開発」の話をしていきたいと思います。

ＯＳの歴史については1時間目に橋本先生がされた通りです。ユニックスが登場したのが１９６９年。ＯＳの世界で半世紀近く生き残っていることは奇跡です。さらに何がすごいかというと、ユニックスの基本的な部分は何も変わっていないことです。

それがいまやｍａｃＯＳ（旧ＭａｃＯＳ Ｘ）もユニックスですし、アンドロイドのカーネルとして使われているリナックスも元々はパソコンで動くユニックスを作ろうというところから生まれたものです。その背景にはユニックス独特の「小さいことはいいことだ！」という設計思想があると思います。

小さいことはいいことだ！

ユニックスの特徴はひとつのプログラム、ひとつのライブラリが、シンプルなことしかしないように作られていることです。「できない」のではなく、設計思想として「させない」。もし複雑なことをしたければ、シンプルなプログラムの組み合わせをすればいいという前提に立っています。

たとえばＷｉｎｄｏｗｓでいうコマンドプロンプト。例の黒い画面ですね。そこに命令を打ち込んでいく「シェル」という仕組みをユーザインターフェースとして有名にしたのはユニックスです。

あらかじめ用意されている命令群（コマンド・ライブラリ）があって、シェルを使ってその組み合わせを簡単に行うことができます。

たとえばある文章のなかから、最も頻繁にでてくる単語を調べたいのであれば次のようなコマンド（命令）を組み合わせればいいのです。

1. 特定のテキストファイルを出力させる
2. 大文字をすべて小文字にする（あとで検索するために表記を統一）
3. 単語をアルファベット順に並び替える
4. 同じ単語は統合して、統合した数値を単語の前に表示させる（「like」が24回でてきていたら「24 like」と表示）
5. 数字順に並び替える
6. そのリストの最後の単語だけを表示させる

このようにユニックスは単純な工具（コマンド）がたくさん入っている道具箱であり、道具の組み合わせ次第でなんでも作ることができます。

これはＯＳの話ではないですが、クラウドですとか、インターネット上でサービスを提供するプラットフォーム（PaaS：パーズ）の世界でも、実はユニックスと似たような動きがあると個人的に思っています。

たとえば郵便番号を送ると該当する住所が返ってくるシンプルなＡＰＩ（アプリケーション・プログラミング・インターフェース）サービスであっても、それを組み合わせれば大きなサービスを作ることができますよね。つまり、住所が返ってくるＡＰＩをひとつのコマンドに見立てて、他のコマンドやサービスと組み合わせてより複雑な処理を実現する。こうしたサービス開発の仕方は、限りなくユニックス的です。小さな機能ごとにシステムを組み、それらを連携させて大きなサービスを行う方法は「マイクロサービス」と呼ばれ、昨今の開発現場では人気の手法です。

みんなの知恵を集結する「オープンソース開発」

こうやってユニックスは発展をしていくのですが、発展の仕方で最も特徴的なのは、設計図（ソースコード）が常にオープンになっていたことです。ユニックスを使う人はＯＳ内部で行われていることを確認でき、必要であれば改造することが当たり前。そして改造をほどこしたものは改めてオープンになるという循環がつづいてきたのです。

こうした開発手法のことをオープンソース開発といいます。

「みんなの知恵を集結していいものを作ろうよ」という発想が原点です。

ところが、「この仕組みでは商売にならない」、または逆に「お金儲けになるぞ」ということでＡＴ＆Ｔが１９８３年から商用化をはじめます。

それを否定する形で生まれたのがＢＳＤ（35ページ参照）なのですが１９９２年にＡＴ＆Ｔが訴訟を起こし、ＢＳＤ開発は数年間止まることになります。

実はＡＴ＆Ｔがユニックスの商用化をはじめた１９８３年にその動きに反対してリチャード・ストールマンという伝説の天才エンジニアが「真の自由なＯＳ」を作ろうと立ち上がります。

彼が作ったＯＳはＧＮＵ（GNU'S NOT UNIX）と呼ばれます。

このＧＮＵ、カーネル部分はいまだ完成に至っていないのですが１９９０年ごろまでには基本ライブラリ、コンパイラ（プログラム言語をＣＰＵが理解できる言語に変換するソフト）、デバッガー（プログラムのバグを見つけることを容易にするソフト）、テキストエディタ（ワープロソフト）などのほか、ユニックスで使われるあらゆるコマンド群はほぼ完成していました。

そういったライブラリや開発環境を使ってあっという間にカーネル付きのＯＳを

作ったのがフィンランドのヘルシンキ大学の学生だったリーナス・トーバルズ。これが1991年に登場したリナックスです。BSD開発が止まって路頭に迷っていたエンジニアたちはこぞってリナックスにシフトしました。

ちなみに著作権のことを「Copyright」といいますが、ストールマンはそれに真っ向から反対する思想の持ち主でしたので彼はGNUの思想を「Copyleft」と呼びました。最近では「クリエイティブコモンズ」というインターネットの時代に即した新しい著作権が広まっています。「こういう条件内なら自由に使ってくださいね」と表明することで、著作権を守りながら流通を促す仕組みです。

しかし、GNUが推し進めた「Copyleft」の思想とルールは究極的にシンプルでした。シンプルであるがゆえに厳格。商品の差別化をしたいと思っても情報を開示しないといけないので使いづらい、と考える企業もあるようです。

時代のトレンドは分散開発

macOSはBSD系ですが、かといってソースコードがすべてオープンになっているわけではありません。オープンになっているのはユニックス由来の箇所だけです。

これがｍａｃＯＳとユニックスとの最大の違いでしょう。

アップルはハードとＯＳの両方を作る会社です。彼らからすればアプリのメーカーがｍａｃＯＳに対応した魅力的なソフトをたくさん作ってくれればパソコンが売れるのですから、ＯＳの中身をわざわざ見せる必要はありませんし、ましてや触られたくないのかもしれません。

ユニックスやリナックスは一種のカウンターカルチャー的なものがあり、一極集中するのではなくて、分散させてみんなでいいものを作ろうという立場に立っています。ブロックチェーンしかり、クラウドしかり、ナレッジシェアしかり、タイムシェアリングしかり、分散というのは今後の社会を考えるうえで大きなキーワードだと思っています。そういった意味では、ユニックスは非常に現代の社会のあり方に沿った、先見性の高いＯＳであるといえます。

オープンソース開発の要、Ｇｉｔ

最後にオープンソースの開発が実際にどのような感じで行われているのか、雰囲気をつかんでいただきたいと思います。

リナックスカーネルのソースコードの行数は、1994年の3月にリリースされたバージョン1・0・0では、17万6000行でした。それがいまでは2000万行を突破したそうです。それだけみんなによって書かれ、修正されていったということです。

ここで勘の鋭い方は「2000万行のOSを、みんなでどうやって管理しているのだろう」と思われるでしょう。みんな好き勝手に変更や追加をしていったら、必ずやどこかで整合性が取れなくなってしまいます。

実はリナックス開発ではソースコードのバージョンを管理するGitという名称の優れたシステムが使われています。Git自体もリーナス氏自身がリナックス開発のために2005年に作ったものです。

そして現在、Gitはオープンソース開発、ウェブ開発、執筆など、あらゆる場面で使われています。バージョンが頻繁に変わるもの、または仕事を細分化してみんなで手分けして行う類《たぐい》のプロジェクトには欠かせないインフラとなっています。

このシステムを使うと、誰がいつどこを変更したかすぐに確認できます。

さらに、自由にバージョンのフォーク（枝分かれ）ができます。パソコンで使うならGUIが充実しているものがいいですし、逆に家電に組み込むのであればGUIは不要です。自分が実現したいことに近いバージョンがあれば、それを持ってきてベースとして思い思いに機能を追加したり開発をしたほうが断然早いのです。

ですからフォークが簡単にできるＧｉｔの機能は非常に重要なことです。

少し話を具体的にしますと、典型的なオープンソース開発では現行バージョンに対して誰かが改良版を作ります。そして先ほどのＧｉｔなどを使って共有します。すると世の中には私のような物好きが結構いるため、そのソースをダウンロードしてコンパイルして実際に動かしてみて、バグの報告やアドバイス、はては修正提案までをしてくれるのです。カーネルも、ライブラリも、アプリもすべて。

これがリナックスのオープンソース開発の世界です。

Ｖｉｎｅ Ｌｉｎｕｘがどのように開発されているか

Ｖｉｎｅ Ｌｉｎｕｘ開発の動機は、日本人向けに、日本語がきちんと使えるリナックスを作りたいという意志をもったエンジニアが何人かいたからです。じゃあ一緒にやろうということで集結したのが１９９８年。私が参加したのはその1年後でした。

現在は「リナックス・ディストリビューション」のひとつとして認識されています。

ディストリビューションとは、完成品に特定の名称を付けて、しっかりバージョン管理をしながら開発を行っている「チーム」と考えていただければいいでしょう。

内部では実際に何をしているかというと、参加メンバーがそれぞれ得意分野をチョイスして、そこに対して変更を加えていって、方向性が分かれる場合は「使い勝手のいいものとは何か」について徹底的に議論を交わし追求して、最終的に「これが私たちのOSです」という形でまとめています。

ちなみにリナックスにはＬａＴｅＸ（ラテフ）と呼ばれる非常に優秀な組版システムがあります。文字や図版を自由に画面上に配置できるソフトです。Ｖｉｎｅ Ｌｉｎｕｘの主目的は日本語対応ですが、初期メンバーの多くは大学生や研究者が多かったので、論文を書くときにはこぞってラテフを使っていました。これはいまでも愛用者が多いです。

また、日本語のフォントがないということで現代表の鈴木大輔氏が、じゃあ自分で作ろうといいだして、本当に作ってしまいました。ＶＬゴシックフォントといいます。

このようにあらゆることを作り込めるOSなのです。

日々行っていることは構成コンポーネント群の選定・テスト・修正、最新のハードウェアへの対応、ドキュメントの整備・翻訳、ＩＲＣやＳｌａｃｋなどのチャットでの情報交換・議論。また、有用な修正をした場合は、できるだけアップストリーム、すなわち枝分かれの先祖に報告して反映を促しています。

私たちはよく、なぜ無償でやっているのかと聞かれるのですが、楽しいからやっているとしかいいようがありません。有志が集まり、ワイワイ楽しみながらものづくりをする。これがオープンソースの魅力だと思いますし、これは世界中のディストリビューションでも基本的に同じだと思います。

ＯＳはどう進化するか？

いままで見てきたように、ＯＳとは縁の下の力持ちであり、ハードウェアとソフトウェア、あるいはコンピュータとユーザーをつなぐために数え切れない仕事をしている、重要な基本ソフトウェアです。

一方、ＶＲやＡＲ（拡張現実）など新しいユーザー体験、クラウドなどコンピューティング環境の変化、はたまた人工知能やビッグデータ解析などによる新たな利用シーン、さらには量子コンピュータといった新しいアーキテクチャの出現。コンピュータの進化には目をみはるものがあります。

このように、コンピュータそのものや、コンピュータの使われ方は、今後もスピード感を持って変化していくと予想されますが、ＯＳという土台部分の重要性は今後も変わらないことでしょう。

5時間目

人工知能とロボットによる社会変革

―IBMワトソンとペッパー―

5時間目 講師

中山五輪男《なかやま・いわお》

ソフトバンク株式会社 首席エヴァンジェリスト。1964年、長野県生まれ。法政大学工学部電気電子工学科卒業。日本DEC、日本SGI、EMCジャパンなどの複数の外資系ITベンダーを経て、2001年、ソフトバンクコマース(後にソフトバンクBB株式会社)に入社。現在はソフトバンクおよびソフトバンクロボティクス株式会社の首席エヴァンジェリストとして各種スマートデバイス、各種クラウドサービス、パーソナルロボットPepper、IBMの認知型コンピュータシステムIBM Watsonの4分野について、年間約300回の全国各地での講演活動を通じてビジネスユーザーへの訴求活動を実践している。また、さまざまな書籍の執筆活動やテレビ番組出演での訴求など、エヴァンジェリストとしての活動をしつつ、国内20以上の大学での特別講師も務めている。

米国アップルに認められた男

はじめまして。ソフトバンクの中山五輪男です。

みなさんはエヴァンジェリストという言葉を聞いたことがありますでしょうか。「伝道師」という意味で、古くはフランシスコ・ザビエルのように世界に宗教を普及させる伝道師のことをエヴァンジェリストと呼んだそうです。漫画『エヴァンゲリオン』の語源ともいわれています。

私は現在、ソフトバンクで4つの分野のエヴァンジェリストをしています。その4つとは「スマートデバイス」「クラウド」「ロボット」「人工知能」。ちなみにアップル社公認のｉＰｈｏｎｅのエヴァンジェリストは、日本人では当社の孫正義と私の2人だけです。

実は橋本先生からの依頼では、この講義は「スマートデバイス」を取り扱うようにいわれていたのですが、少しでもコンピュータの未来像をつかんでいただくために今回は「人工知能」と「ロボット」の2本立てでいきたいと思います。

第3次人工知能ブーム到来

いまから30年前、大学で電子工学を学んでいた私の卒論のテーマは「人工知能によるロボットアームの最適化制御」でした。私が生まれた1960年代は世界的な第1次人工知能ブームで、私が大学を卒業した1980年代は第2次ブームだったのです。

人工知能が大好きになってしまった私は、当時、日本DEC（デジタル・イクイップメント・コーポレーション）という人工知能で有名だった外資系のコンピュータメーカーに就職します。ただ、当時はブームだけで終わってしまいました。

それから30年。いまは第3次人工知能ブームといわれています。グーグル、マイクロソフト、アップル、フェイスブックなど、世界中の先進企業が人工知能に力を入れています。

iPhoneのなかに入っているSiri。これも人工知能の一種です。

またはフェイスブックで友人の写真をアップすると、「この友達のこの写真の人はあなたの友達のAさんではないですか？」とアプリケーションが教えてくれる機能がありますが、あれも、フェイスブックがいまから2年ほど前に画像認識の人工知能の会社を買収して、すぐさまサービスのなかに取り入れた結果です。

それからグーグルもいま自動運転車を作っていますよね。2020年には、日本でもトヨタ、日産、ホンダなどあらゆるメーカーが自動運転車を当たり前のように発売してくるといわれています。

ソフトバンクとIBMによる戦略的提携

さて、今回紹介したい人工知能はIBM製です。IBMは「ビッグブルー」という愛称で知られるコンピュータ界の巨人ですが、昔から人工知能の分野には力を入れていて、今回彼らが開発したのが人工知能型システムのIBMワトソン（Watson）です。

名称はIBM創業者のトーマス・ワトソンからとっています。それだけIBMが社運をかけていることがおわかりいただけると思います。

ではなぜソフトバンクの人間がIBMの話をするのかというと、ソフトバンクとIBMは、このIBMワトソンの日本語版の共同開発と市場拡大に向けて戦略的提携を結んだからです。日本導入にあたってIBMワトソンのデータセンターはソフトバンクが提供。独占販売契約を結んでソフトバンクだけが販売できるようにする方針で合意したわけです。

そして2016年2月に、ついに日本語版のファーストバージョンがリリースされ、すでに国内150社を超える法人がIBMワトソンの導入を検討しています。

とくに金融業界が積極的で、日本の3大メガバンクさんはすでに導入していますし、保険会社さんもほとんど導入されることになると思います。

日本語対応したIBMワトソンの6つのAPI

IBMワトソンはいろいろなAPI（ソフトウェアのインターフェース）の集合体です。APIとはユーザーから見たら、このIBMワトソンの機能を使うときの命令の窓口であり、結果の受け取り口です。

何かをさせたいと思ったら、APIを使って要求をだし、それがIBMワトソンのサーバに伝わり、結果を送り返すようになっています。前回の4時間目にOSのライブラリの話がありましたが、そのクラウド版だと思ってください。

20個以上あるAPIのうち、今回の日本語版ではそのうち以下の6つが日本語化されました。

1. Natural Language Classifier（NLC）

自然言語を理解して意味を抽出する機能です。つまり、コンピュータが人間と会話するための知能。人間は必ずしも正しい文法で話すとは限りませんが、それでも人間同士であれば経験でそれらの文章を正しく補完して理解しますよね。それと同じようなことをＩＢＭワトソンは行えます。

2. Retrieve and Rank（R&R）

ワトソンが人間の質問を理解して、ビッグデータのなかから正解はこれではないかという候補を、ひとつではなく、いくつかだしてくる機能です。「当たっている確率90％の答えはこれです。80％はこれです」と。その想定正解率の判別も含めてR&Rが行っています。

3. Dialogue

シナリオベースで会話を生成していくための機能。答えをフィードバックするときにたとえそれが文章をディスプレイに表示する場合であっても、文法的に正しい文章でないとユーザーは理解できません。ＩＢＭワトソンは文章を作ることができるのです。

4．Speech to Text

しゃべっている言葉をテキストに変換します。これは1のＮＬＣの一歩手前に使われる機能ですね。たとえばスマホにしゃべりかけたら言葉はそのままＩＢＭワトソンのサーバに送られ、それをテキストファイルに変換してくれます。インタビュー内容などの録音データを文字に書き起こす作業を文字起こしといいますが、それを自動的にしてくれると思ってください。

5．Text to speech

逆のパターンで、テキストの文章を音声に変換してくれます。これによって答えをディスプレイに表示させるだけではなく、声で答えてくれます。

6. Data Conversion
世の中にあるパワーポイントの資料、ワードの文章、ＰＤＦのデータなどを、ワトソンが理解できるフォーマットに変換する機能です。

コールセンターから人がいなくなる!?

さまざま企業がＩＢＭワトソンの導入を検討していますが、最も反応がいいのがコールセンターです。メガバンクで導入が進んでいると話しましたが、コールセンターで使ってみたいというお話ばかりです。
たとえば三井住友銀行でのコールセンターへのワトソン導入の実証実験では、以下のデータをＩＢＭワトソンが覚えました。
・１５００個の質問応答
・８００シート分の業務マニュアル（エクセルのシートのこと）
・過去の質問応答履歴
・数千項目の金融専門用語
こうしたデータを機械学習させることによって、人間のオペレーターと同じように、場合によっては人間よりも速く回答できるようにシステムを作り込んでいる真っ最中です。現時点で、8割を超える精度で答えを返せるようになっているそうです。

ちなみにＩＢＭやソフトバンクのコールセンターでも一部、ＩＢＭワトソンを導入しています。やはりコールセンターはスタッフ数が多いので、人件費のコスト削減は各企業に共通する課題です。

銀行以外にも保険会社、製造業、学習塾、百貨店、自治体、人材派遣、研究施設、小売業など、ほぼすべての業種業態でこうした人工知能は活用されていくと思います。

コグニティブ・コンピューティング・システムとは？

私、先ほどから何度も人工知能という言葉を使っていますが、実はＩＢＭはＩＢＭワトソンを人工知能とは呼ばず、「認知型コンピュータ」、または「コグニティブ・コンピューティング・システム」と呼んでいます。

「コグニティブ」とは多くの方がはじめて聞く単語だと思います。これは「認知する」という意味です。

何を認知するかというとＩＢＭワトソンが得意とするのは「人間の言葉」です。

人の言葉を認知、理解、解釈する。ここの機能がほかの人工知能と比べてIBMワトソンが優れている点であり、コールセンターからの引き合いが多いのも言葉の認識が重要だからです。これがIBMワトソンの内部処理の第1ステップです。

第2ステップは言葉（質問）に応じて、膨大なデータから仮説を抽出すること。ようは「答えらしきもの」を用意することです。

第3のステップは経験から学習すること。これはディープラーニングの宿命ですが、IBMワトソンは常に正しい回答を返すとは限りません。もし間違ったデータがビッグデータに紛れ込んでいたら、ワトソンも当然間違える可能性が高いわけです。

そのIBMワトソンを賢くするためにデータを投入する作業は人間が行いますが、その答えが当たっているかどうかを教えてあげることも人間の大事な役割です。

人工知能は決して万能ではありません。人間の力を借りないとまだまだ動かないシステムです。世の中でさまざまな人工知能が活躍中、または開発中ですが、自分で勝手に成長していく人工知能は、現時点では存在していません。

ディープラーニングは「間違いを教えること」が大事

ではここでＩＢＭワトソンにある質問をしたときの例を紹介しましょう。

こういった質問をしました。

「ねえ、ワトソン。アメリカが外交関係を持たない４つの国のうち、最も北にある国はどこ？」

これだけで入力完了です。なんのキーボード操作もいりません。

ＩＢＭワトソンはまず、質問された声を認識して文字に変換し、キーワード分析をします。「アメリカ」とか「外交」とか「北」とか「どこ」といった言葉です。そうやってキーワードを一個一個解釈していって文脈を理解します。「あ、これは国を答える問題だな」とか「アメリカと外交関係のない国を見つけるんだな」といったように。

次にＩＢＭワトソンは回答の候補を生成していきます。「アメリカと外交関係がないのは、ブータン、キューバ、イラン、北朝鮮だ」と。

さて次です。４つでてきた国に関して、さらに深掘りをして調べていきます。「ブータンはアメリカ、中国、ロシア、イギリス、フランスと国交を結んでいない」とか、「キューバはフロリダ半島の１５０キロ南にある」とか、いろいろなことをデータベースから引っ張ってきて、最終的に、「答えは北朝鮮だと思います」と返答する。
それに対して人間は「ありがとうワトソン。正解だよ」とか「間違っているよ」と教えてあげないといけない。

さて、実は先ほどの回答に間違いがあります。
２０１６年現在、アメリカと外交関係を結んでいない国は４つではなく３つです。キューバは２０１５年７月に国交を回復しています。

こうやって世界情勢はコロコロ変わるものです。だからデータベースも常に最新情報を入れてあげないとＩＢＭワトソンも間違えてしまうので、その間違いに人間が気づいたらちゃんと教えてあげる必要があるのです。もしデータベースが最新だったら、データを調べる過程でワトソンは誤りに気づき、「アメリカと外交関係を結んでいない国は４つではなく３つです」と答えているはずです。

文間を読み取ることができるＩＢＭワトソン

ソフトバンクのエンジニアがＩＢＭワトソンを使って面白い実証実験を行いました。童話「桃太郎」の絵本を読み聞かせしたのです。現在のワトソンは画像認識のＡＰ

Iが日本語化されておらず画像はまだ認識できないので、絵本ではありますが文章しか読み上げていません。

そして読み聞かせをしたあと、こう聞いたのです。

「ねえ、ワトソン。童話、桃太郎のなかで、桃太郎がおにと戦っているシーンは何ページにあるの？」。するとワトソンは「8ページだと思います」とすぐに回答をだしてきました。

その8ページ目に書かれていた文章は次のようなものでした。

キジはおにのあたまをつっつき
サルはおにのかおをひっかき、
犬は足にかみつき、
ももたろうはかたなをふるって、
おにたちをやっつけました。

驚くべきことに、どこにも桃太郎が「戦った」というフレーズはないのです。にもかかわらず、ワトソンは正しい回答を導きだしました。

そこでエンジニアが「なんでこのページだと思ったの？」とワトソンに聞いたのです。するとワトソンは「桃太郎が刀をふるっているシーンがあったので、戦ったと判断しました」と答えたのです。

これがＩＢＭワトソンの認知力の高さです。人間らしい思考能力で、日本語を認知、理解しているということです。

たとえば日本語で「インフラ」と聞くと、みんな電気、水道、ガス、道路といった自分なりのイメージに結びつけると思います。それと同じことをワトソンもしていて、いままでされてきた質問のひとつひとつの言葉を覚えているので、「電気、水道、ガスだけじゃなくて道路も含まれるんだな」と理解してくれます。

ＩＢＭワトソンの大きな特徴は文章全体を理解できること。ちょっとおおげさにいえば文間を理解することができる。その認知能力がすごいのです。

ＩＢＭワトソンの３大活用パターン

このワトソンは、次の３つのパターンのどれかで活用されていくことになります。

・質問と応答（エンゲージメント）
・判断（ポリシー）
・発見（ディスカバリー）

ひとつ目の「質問と応答」ですが、これはエンゲージメントとも呼ばれます。さまざまな文献やデータから、質問に対する答えを探してくる。コールセンターがＩＢＭワトソンを使って実現しようとしていることはこれです。質問対応がメインの仕事である駅やホテルのコンシェルジュとしても使われることになるでしょう。

また、情報を調べてくることができるなら業務マニュアルや災害対策マニュアルの代わりとしての活用も期待されます。「いまこんな状況なんだけどどうしたらいいの？」と聞いたら、ＩＢＭワトソンが「ここに電話をしてください」といったことを教えてくれる時代は、意外とすぐにくると思います。

ふたつ目の「判断」。これはポリシーと呼ばれます。

保険会社はだいたいこのパターンでＩＢＭワトソンを活用したいとおっしゃってい

ます。たとえば事故が発生して保険金の請求がきたとします。では今回の事故についてはいくらくらい保険金を払えばいいのか。そもそも保険金を払うべきなのか。こうした判断を過去の事故などのパターンや会社のルールに則《のっと》って行い、保険金を算出する。これをワトソンにやってもらおうということです。

過去の判例といえば司法の世界も変える可能性があります。「今回、裁判に勝てる確率は何パーセント?」と聞けば答えてくれるでしょうし、エンゲージメント機能を使えば「今回の事件に似た判例をだして」というだけで判例がポンとでてくる時代になると思います。

3つ目。これはすごいですよ。「発見」、ディスカバリー。

まず医療の分野における期待があります。日本では製薬会社の第一三共が新薬開発の手助けのためにIBMワトソンを導入されていますし、がん治療でも、東京大学医科学研究所が新しいがん治療の方法を発見するためにワトソンを導入しています。

あと面白い例としては、港区にあるフレンチレストランではシェフ向け専用のIBMワトソンを使って、新しい独創的なレシピを考えてもらうという試みをしています。これも一種の発見といえるでしょう。

またＩＢＭワトソンではないのですが、実は犯罪の予見にも人工知能システムはすでに使われています。アメリカのカリフォルニア州のある警察は、人工知能がだしてきたレポートを元にパトロールをしているそうです。

ではどんな情報をデータとして教えているかというと、街のありとあらゆる情報だそうです。新しくバーがオープンしたとか、レストランが閉店したとか、過去に罪を犯した人がこのあたりに住んでいるとか、過去に事件が発生した時間帯や曜日のデータとか、何歳くらいの子供がこの地域に何人くらいいるとか、そういったデータを入れておくことで、人工知能は「何月何日、このエリアでこんな犯罪が起きる確率は何パーセントだと思います」といったことを回答してくれる。それをベースにパトロールするようになったら、なんと犯罪率がグンと下がったそうです。

発見といえば「リコメンデーション（顧客の各種データを分析することで、それぞれの好みに応じた商品やサービスの情報を提供する技術の総称）」も当然できます。実際、アウトドアブランドＮｏｒｔｈ ＦａｃｅのＥＣサイトでは、ＩＢＭワトソンが関わっています。自分の趣味嗜好をいうと「あなたに合う商品はこれです」とおすすめをしてくれたり、「来月ニューヨークに行きたいんだけど、どんな服装がいいかな？」と聞けば、「気温はこれくらいで、こんなイベントもあるのでこのような商品がいいですよ」とアドバイスをしてくれたりします。

ビジネスを変える究極のアドバイザー

このように、人工知能は究極のアドバイザーとして期待されています。最終判断を下すのは人間であり、その判断の手助けをするコンピュータシステムとしての使われ方が今後の人工知能の主流になるのではないかと思います。

当然、究極のアドバイザーがいればビジネスが変わります。実際にそれを全社レベルで取り込もうとしているのが我々ソフトバンクです。ソフトバンクといってもいろいろな部署があります。そしてそれぞれに悩みや課題を抱えています。そこでソフトバンクは考えました。ＩＢＭワトソンをベースにして社員を手助けする「ソフトバンクブレーン」というシステムを開発しようとしています。

例をいくつか挙げましょう。

・営業のブレーンとしての活用

提案内容をワトソンに考えてもらう。たとえば、社名を入れるだけで「電子カタログとビデオ会議がおすすめの商材です」といったアドバイスをくれる。

・ショップ運営のブレーンとしての活用

全国に2600ヶ所あるショップの運営サポートをする地域密着型のワトソン。地域情報やマーケティング情報を入れて、地域に根ざしたキャンペーンをアドバイスしてもらう。

・コールセンターのブレーン（コンシェルジュ）としての活用

営業時間外に社員の代わりに対応してくれる。またはお客様に不明点があったときに、スマホさえあればなんでも答えてくれるコンシェルジュとしての活用。24時間、待ち時間ゼロを目指す。

・人事のブレーンとしての活用

究極の適材適所の実現。社員の特性に応じたベストマッチをワトソンに提案してもらい、生産性革命を起こす。

とくに期待されているのが法人営業の分野です。

当社には営業の人員は3000名くらいいますが、扱う商品やプランが2500個以上もあり、当たり前ですが一個一個の案件で要求がまったく異なります。

もしお客様から「来月までにペッパーが1台欲しい」といわれたら、営業はペッパー窓口に連絡をして在庫があるかどうか確認しないといけません。またはお客様に呼ばれて行ったら、「商品は買わないんだけど、ソフトバンクの電波が入らないからどうにかしてよ」といわれることもあります。そのときは電波窓口に連絡をして「このビルのなかにアンテナをつけてください」といった申請をしないといけません。

1日中外回りをして、会社に戻ってからいろんな窓口に連絡するのもなかなか大変です。世界中の営業マンも似たようなもののはずです。どの会社も忙しいんだからしょうがないと半ばあきらめてしまう人もいるでしょう。

しかし人工知能はそういった大前提を覆す力があります。「ブレーンを使ってすぐに課題や問題を解決できる効率的な仕組みにしよう」と本気で考えています。

いまソフトバンクが目指している実際の活用の形は、各営業が持ち歩くスマホにソフトバンクブレーンをインストールして、アプリに話しかけるだけ。たとえば「ペッパーの在庫を調べて」と聞けば、その場で数値が確認でき、場合によっては予約までできるようにする。そしてその情報は関連部署に自動的に伝えられて、契約書や請求書も勝手に作ってくれる。こうした夢のようなシステムを現在開発中です。

ちなみにこうしたソフトバンクブレーンの話を企業の前でするると、ほとんどの企業がこのシステムを売ってくれとおっしゃいます。すぐは無理かもしれませんが、数年後には、どの企業もこうした人工知能を使って営業をしたり、企画書を作ったり、戦略を練ったりという時代がくるでしょう。

ただし、覚悟していただきたいのは、このシステム、簡単には作れません。

たとえばソフトバンクの既存の社内システムといっても、市場分析データベース、社員名簿、勤怠管理、顧客管理、ＳＦＡ（Sales Force Automation）、企業分析データベースといったさまざまなシステムが散在しています。それらをＩＢＭワトソンと連携させて、トライアンドエラーを何百回、何千回と繰り返さないといけません。しかし、それが完成したら、今度は各社のブレーンをつくるお手伝いをしたいと思っています。

ＩＢＭワトソンを触ってみたい方へ

ＩＢＭワトソンは非常に高額なので、個人で買うことはなかなか難しいです。そうはいっても学生さんもＩＢＭワトソンを使ってアプリを作りたいと思われる方もいるでしょう。

実はＩＢＭはＢｌｕｅｍｉｘ（ブルーミックス）という無料の開発環境を提供しています（https://www.ibm.com/cloud-computing/jp/ja/bluemix/）。そしてそのなかにはＩＢＭワトソンのＡＰＩがたくさん用意されています。

今後は「ブルーミックスを使えます」という人工知能に強いエンジニアは相当重宝される時代がきますので、興味のある方はホームページをご覧ください。

あとＩＢＭとソフトバンクが共同して、ワトソンを使ったハッカソン（短期集中でソフトを開発し、アイデアや出来を競い合うイベント）も行っています。すでに2回行いましたが、毎回すごい数の応募があります。

これもぜひ腕試しで参加してみてはいかがでしょうか。

感情認識ロボット、ペッパー

さて、いままで紹介してきた事例は主にパソコンやスマホベースの話でしたが、人工知能の活用の形として「ロボット」が確実に増えていくと思いますので、ペッパー（Ｐｅｐｐｅｒ）の話をしたいと思います。

ソフトバンクロボティクスが開発したペッパーも独自の人工知能を搭載しています。相手の感情を理解したり、またはペッパー自身が感情をもったり。いずれも世界初の機能で、感情生成エンジンという独自のアルゴリズムを使っています。ペッパーにはカメラとマイクがついているので、そこから入力された外部情報をもとに、ペッパーは感情を変えるわけです。

みなさんご存知のようにペッパーはいろいろな企業ですでに使われています。そしてほとんどの企業が独自のアプリを作って（プログラムを組んで）、オリジナルソングを歌って派手に踊るペッパーを作ったり、クイズをだして正解者にはクーポンを発行するペッパーを作ったりと、ほかの企業にはないサービスの提供をしています。

そのなかでも大変面白い事例があります

アプリ開発のヘッドウォーターズという会社で、訪問者の顔を認識して、初対面だと思ったら「はじめまして」と声をかけて、名前を聞きだし、許可をとった上で写真撮影をするのです。一度登録してしまえば、次回の訪問時には「あ、鈴木さんこんにちは。10日と4時間ぶりですね」と話しかけてくれます。

実はペッパーはデフォルトでは30人までの顔しか覚えられません。そこでこの会社ではクラウドのマシンラーニングシステムの「Ｍｉｃｒｏｓｏｆｔ ＡＺＵＲＥ」を使っています。顔情報をどんどん登録していって、そのお客さんが近づいてきた瞬間に顔情報をＡＺＵＲＥに送り、登録情報と照らし合わせるというシステムを自分たちで作ってしまったのです。

こういった活用の仕方もあるという一例でした。

ＩＢＭワトソンとペッパーの夢のコラボ

さてここでＩＢＭワトソンとペッパーの連携について触れたいと思います。なかなか面白い組み合わせだと思いませんか。

実はそれをすでに検討中なのが家電大手のヤマダ電機です。「YAMADA Pepper Powered by IBM Watson」です。

実際に店頭で接客をするヤマダペッパー。

この〝ヤマダペッパー〟、お客様を見つけると近づいていって、ごく普通に接客をします。「テレビを買おうと思うんだけど」とお客様がいえば「いま人気のモデルはこれです」と商品をおすすめしたり、商品のラインナップやスペックについての質問なら、人間の店員であればカタログを取りにいくところを、IBMワトソンのエンゲージメント機能を使って、すぐに答えを返すことができます。

お客様と会話するときは、お客様の話した言葉をアメリカのテキサス州ダラスにあるIBMワトソンのサーバに、ストリーミングで送っています。そこでSpeech To TextのAPIを使ってテキストに変換し、こういうことを聞いているんだなと理解して、そのお客様の欲しい情報を膨大なデータのなかから探し、「Text to Speech にしてペッパーに送っています。ですから、このケースでは実はペッパーの人工知能は使っていません。この実験のためにオフにしてあります。

ペッパーに限らず、今後は各社がさまざまな形状のロボットを作っていきます。もしかしたらそれは車なのかもしれないし、冷蔵庫かもしれません。いずれにせよ、そのほとんどが人工知能を搭載してくるでしょう。

ただ、ロボット本体のなかに知能があるわけではなく、このヤマダペッパーのようにクラウド上にある人工知能、通称、クラウドＡＩを活用する形になると思います。

東京五輪では「おもてなしロボット」に期待

ＩＢＭワトソンのひとつの特徴に、多言語解析技術があります。

いま相手が何語をしゃべっているのかちゃんと理解できるのです。

試しにそれをペッパーに搭載したところ、ペッパーは複数の異なる言語のお客様を同時にサポートすることが可能であることがわかりました。Ａさんが日本語で話しかければ日本語で返事をし、その隣でBさんが英語で話しかければ、ちゃんとBさんの方向を向いて英語で返事をします。

この技術を使えば、来日観光客の対応でものすごい効果を発揮するはずです。東京五輪が開かれる2020年までにあと4年もありますから、その間に人工知能技術もロボット技術もどんどん進化するはずです。

新たな形の「おもてなしロボット」が町中にあふれかえっている。

私としてはそんな風景をイメージしています。

小学生でもできる、ペッパーのプログラミング

本大学院はクリエイティブ系の学生が多いので、ペッパーのアプリケーションをどうやって作るのか興味をお持ちの方も多いと思いますので、最後にミニプログラミング講座をしましょう。

準備していただく必要があるのはＷｉ‐Ｆｉ付きのパソコンと、コレグラフ（Choregraphe）というソフト（https://developer.softbankrobotics.com/jp-ja/）。これだけです。

コレグラフは、ペッパーを作ったフランスのアンデバランという会社（ソフトバンクが買収）が提供している無料のツールです。マックでもＷｉｎｄｏｗｓでもインストールできます。

さて、このソフトを起動すると、いきなり次のようなエラーメッセージがでると思います。

「ナオキに接続できません」

実はナオキとはＯＳの名前です。ペッパーのＯＳはＷｉｎｄｏｗｓでもアンドロイドでもなく、「ＮＡＯｑｉ（ナオキ）ＯＳ」という専用ＯＳです。ですから、このエラーメッセージが意味するのは、「いまこのアプリを開いているパソコンと同じセグメントのＷｉ－Ｆｉエリアにペッパーを発見できませんでした」ということです。ペッパーはＷｉ－Ｆｉでつながるのです。

ただ、ペッパーにつながっていなくても開発はできます。コレグラフの画面右下に３Ｄグラフィックスで表示される仮想ペッパーがでてきますので、自分が作ったプログラムが実際にどうやって動くかはそこで確認できます。

では、実際にプログラムを作ってみましょう。本当に簡単なのでご安心を。

まず新規プロジェクトを立ち上げます。白紙の設計図が中央にあるはずです。

そこで左下の方にボックスライブラリというものがあるので、そのなかからたとえば「SAY」というライブラリをドラッグアンドドロップで設計図の上にもってきます。ライブラリとは前の講義で学んだ通り、すでに中身が作られているプログラムのことでしたよね。ペッパーでは千数百のライブラリが最初から用意されています。

さて、「SAY」はペッパーに話をさせるライブラリです。ライブラリの設定画面からしゃべる声質やスピードを自由に設定できます。そして唇のアイコンをクリックすれば12ヶ国語のなかから言語を選べます。ここでは「Japanese」と選択してもらって、そこに「こんにちは。ペッパーです」と書くだけで、実際にペッパーとＷｉ‐Ｆｉでつなげてアプリを起動させると、ペッパーはすぐに「こんにちは。ペッパーです」としゃべります。

ほかには「HAND」という腕を動かすライブラリもあります。右腕を上げる、左腕を下げるといった指定ができます。

このコレグラフが素晴らしいのは、プログラム言語が一切不要なことです。先ほどの「SAY」にしても「HAND」にしても設計図上では四角いボックスで表示されていて、「アプリ起動」と「SAY」を矢印でつなげて、「SAY」と「HAND」を矢印でつなげて、最後に「HAND」と「アプリ終了」を矢印でつなげれば、プログラムが完成してしまうのです。さながらマインドマップを書いている感覚です。

もちろん、矢印は分岐もできます。

たとえばデパートの接客の設計図ですと、最初の「SAY」で日本語にセットしておいて、「スピーチセット」というライブラリにお客様が聞いてくるであろう言葉をあらかじめ設定しておきます。もし「紳士服売り場はどこ?」という質問であれば、条件分岐で「紳士服売り場はこちらです」といわせる「SAY」へ、「化粧品売り場はどこ?」であれば「化粧品売り場はこちらです」といわせる「SAY」と割り振っておくだけ。そしてどちらの「SAY」にいっても同じ「HAND」に戻ってきて、手を上げて終わりと。

本当に2時間くらいいじれば、小学生でもペッパーアプリは作れますので、興味のある方はぜひ一度行ってみてください。

6時間目

クラウド・コンピューティングに欠かせない仮想化技術

6時間目 講師

三好哲生《みよし・てつお》

株式会社ネットワールド マーケティング本部インフラマーケティング部データセンタソリューション課 課長代理。1981年、福岡県生まれ。東京大学大学院工学系専攻科システム量子工学専攻修了。日本SGIを経て2009年、ネットワールドに入社。仮想化、クラウド製品（主にVMware社製品）のマーケティングを担当する傍ら、海外のインフラソフトウェア系のスタートアップの国内ビジネスの立ち上げを支援。専門分野は、仮想化、クラウド、コンテナ、コンバージドシステム。VMware vExpert 2014-2016、PernixPro2015-2016。

ネットワールドって何の会社？

ネットワールドの三好です。普段はクラウド関連製品のマーケティング、および、クラウドや仮想化についてのエヴァンジェリストをしています。

今回のメインテーマとして扱う仮想化のためのソフトウェアを開発しているVMwareという会社様からは、仮想化のスペシャリストの証《あかし》である「Vエキスパート」という認定をいただいています。この授業のメインテーマである「仮想化」についてはのちほど詳しく説明します。

さて、当社のことを知らない人がほとんどだと思います。もともとは「Networe（ネットウェア）」と呼ばれる外資系のソフトウェアベンダーが作ったネットワーク用のOSの国内の卸売りとして生まれた会社ですが、もうこのネットウェアというOSは現在では使われていません。そのときそのときのビジネスのニーズに合わせて自社のポートフォリオを柔軟に拡張、変更して、いまではデータセンターインフラの総合商社と呼んでもいいほどの品揃えに成長しています。基本的に大量のサーバが設置されている専用施設であるデータセンターで使う商材をメインで扱っていますので大半の方にとっては馴染みが薄いと思いますが、みなさんの使っている多くの便利な

ITサービスやクラウドサービスの裏方として動いている機械やその機械の上で動いているソフトウェアで当社が手掛けたものが使われているということは珍しくないと思います。

クラウド・コンピューティングの時代へ

クラウド。みなさん、言葉は聞いたことがあるでしょうし、実際に使っている方も多いと思いますが、「では、どういうものか説明してください」といわれて説明できる人は相当少ないと思います。

クラウドという言葉を作ったのは、おそらくですが、グーグル元CEOのエリック・シュミットです。2007年に発売されたイギリスのエコノミスト誌『The World in 2007』の記事からシュミット氏の言葉を引用しましょう。

「今日、我々は雲のなかにいる。我々はクラウド・コンピューティングの時代に移行しつつあり、情報もアプリケーションも、特定のプロセッサやシリコン・ラックの上ではなく、拡散したサイバースペース大気圏のなかから提供される。ネットワークが真のコンピュータになるのだ」

当時のネットワークの姿を非常にうまい表現で示されていると思います。

みなさんが使っているｉＰｈｏｎｅやアンドロイドのスマホ。おそらくそこに入っているアプリの半分以上は、クラウドがないと何もできないはずです。つまりデータが一旦世界のどこかにあるサーバに送られ、そこでしかるべき処理をされ、その結果が戻ってきてスマホの画面に表示される仕組みを採用しているということです。

このように、あるアプリやプログラムがコンピュータ本体のなかで完結しないものを今日の講義では「クラウド・コンピューティング」と定義して話をすすめます。

クラウド・コンピューティングのメリット

たとえばグーグルのクラウドを考えてみましょう。

この講義を聞かれている方で毎日Ｇｍａｉｌを利用している方は多いのではないでしょうか。またはグーグルカレンダーでスケジュール管理をされている方もいるでしょうし、旅先ではグーグルマップが欠かせないという人、または今日、講義に来るときにグーグルマップで時刻表を調べてきた方もいるでしょう。

いま挙げたようなサービスはすべて、グーグルのデータセンターのなかで動いてい

図9　Google 流クラウド

ます。みなさんがスマホからでもタブレットからでもパソコンからでも同じデータに常にアクセスできるのは、ネットワークを介して、同じグーグルのデータセンターにアクセスしているからです。

これがグーグルのクラウドであり、その他、フェイスブックもＬＩＮＥもインスタグラムもＥｖｅｒｎｏｔｅもアマゾンもそれぞれのクラウドを持っています。

クラウド・コンピューティングのメリットはたくさんあります。

1．設備投資がいらない

サーバやストレージ（記憶装置）、設置作業、場所の確保などの初期投資が不要です。たとえばいままでメールを送るには、メールサーバのハードウェアを購入してきて、ソフトウェアをインストールして、ネットワークにつなげて、ほかにもドメインの契約や設定をする必要がありました。お金もかかります。でもＧｍａｉｌは無料で使えます。

２．すぐにシステムが使える

Ｇｍａｉｌは設定してすぐに自分のアドレスが使えるようになります。単に契約するだけなら２分で終わるでしょう。わざわざメモリを増設したり、ＣＰＵを購入したりといったハードウェアの調達や環境構築にかかる時間が不要なので、すぐにそのサービスが使えます。

３．運用コストの効率

これはサーバを運営する側のメリットですが、いままで自前でサーバを管理していたものを、グーグルのクラウドに移行してしまえば、ほぼメンテナンスフリーになります。

４．一時的な利用が可能

基本的にクラウドはやめたくなったらいつでもやめられます。従量課金で使った分を払えばいいだけ。よって経営判断、ビジネス判断の選択肢として、クラウドのサービスは導入のハードルが低いといえます。

5．膨大なリソースが使える

処理量が急激に増加したときでも、サーバを増やすといったリソースの拡張が柔軟にできます。もちろん予算の兼ね合いはありますが、物理的なスペースといった上限を気にせず、好きなだけ使える。それによっていままでは考えられなかった次元のスピードで物事が進みます。

なんでもかんでもクラウド化できるわけではない

こんないいクラウドを、なぜ企業はフル活用しないのかという疑問がでてくるはずです。自前でサーバなどを持たないで、全部クラウドに持っていけばいいじゃないかと。

個人でメールを使うくらいであれば、グーグルに乗り換えることは簡単です。でも大企業が作った、いままで何十年もの歴史があるシステムをクラウドに持っていってもいきなり動くわけではありません。使っているアプリケーションが前提とするコンピュータ・アーキテクチャがまったく異なるからです。もしくは、移植作業がものすごく高くつくことも考えられます。また、うまく移植できたからといって古いシステムを捨てられるかというと、企業にとって「何かを捨てる」ということはそんなに簡単な話ではありません。システムのまわりにいろいろな業務がすでにできあがっており、こうした業務の移行までもが発生することも少なくありません。

では、特定のコンピュータ・アーキテクチャに依存するアプリケーションを、クラウド上で動かすにはどういった仕組みが必要なのか。

これがこの授業のメインテーマ、仮想化技術です。

ただ、仮想化だけですと、だいたい5年くらい前に話は出尽くしているので、仮想化の話をしたあとに、いまデータセンターのなかで何が起こっているのかという話を補足で付け加えたいと思います。

コンピュータが動く原理の復習

仮想化の話をするためには、改めてコンピュータが動く原理について把握しておかないといけません。復習がてら少しだけおつきあいください。

2時間目の講義でコンピュータが基本的に5つの要素からなっていることはお話がありました。演算装置（CPU）、主記憶装置（メインメモリ）、補助記憶装置（ハードディスクや今後はフラッシュメモリ）、出力装置、そして入力装置です。

入力装置にはマウスやタッチパネル以外にも、ネットワークを経由してデータを入力するというケースもあります。

入力装置から入った情報はメモリに格納されます。それをCPUがいろいろ計算して、出力装置であるディスプレイやプリンターなどにだす。

また、補助記憶装置のなかには動画などを保存しておいて、動画を見るときはデータを一旦主記憶装置であるメモリに読み込んでから出力装置にだしていきます。

では、コンピュータで動いているプログラムとはどういったものか。

これも復習になりますが、普段みなさんが使っているのはアプリケーション。これもデータとして補助記憶装置に格納されています。そしてそれを起動（スマホならアイコンをタップ）すると、データがメモリに読み込まれます。

複数のアプリケーションが立ち上がることが一般的で、それを「同時に見える速度」

でコンピュータが処理を切り替える。その指示をだしているのがオペレーティングシステム（ＯＳ）だという話も4時間目で話があった通りです。このときＯＳは入力装置からの入力をどのアプリケーションに向けるべきなのかという切り替えも行っています。

ＯＳもアプリのように複数起動することはできないのか

ＯＳもソフトウェアです。最近ではダウンロードして入手することが普通になってきていますが、ひと昔前はＯＳのインストールＣＤを買うために行列ができたりもしていました。ＯＳはソフトウェアのなかでも特殊な権限を与えられているため、他のプログラムとは別物扱いされていますが、普段は補助記憶装置のなかに保存され、パソコンやスマートフォンが立ち上がる際にメモリにデータがコピーされ、それをＣＰＵが読み取ってＯＳが動くという意味では一般的なアプリケーションと違いはありません。

そのＯＳを、ＬＩＮＥやインスタグラムと同じように同じコンピュータ上で複数動かせないものだろうかと考えた方々がいました。

ダイアン・グリーンとメンデル・ローゼンバウムという夫婦です。余談ですが、ダイアン・グリーンさんはSGIの出身です。

ダイアン・グリーンさんは現在ではその手腕を買われてグーグルでクラウドビジネスのトップをされていますが、今回のテーマである仮想化を世に広めたVMwareというソフトウェア会社を創業した方でもあります。

VMwareの初期のエンジニアたち（実際にはスタンフォード大学での研究が元になっているようで、当初はSGIのハードウェアの上で研究が進められていたようです）は考えました。「OSは常にCPUを利用しているわけじゃないから、CPUやメモリは時間差で順番に使えばいいよね」と。

その発想自体は悪くありませんでした。

しかし、問題は入出力装置でした。

ここで思いだしていただきたいのが4時間目の話であった「ハードウェア抽象化レイヤー」です。OSにはハードウェアとやりとりを担当する通訳がいるので、アプリはハードの違いを気にしなくていいという説明があったと思いますが、これはあるひとつのハードウェアを共有して使う前提で、通訳は1人だけいればよかったのです。

しかし、ＯＳを複数同時に動作させるということになってくると、この通訳が複数人登場してくるわけです。実際のハードウェアはひとつだけしかありませんので、このひとつのハードウェアを大勢の通訳が取り合う事態になってしまい、当然のことながらうまく動きません。「計算をしてください」というような命令であればハードウェアはうまく時間差を利用して処理をしてくれますが、「プリンターにＡを印刷してください」という命令と「同じプリンターにＢを印刷してください」という命令が同時にでてきたら、時間差を利用したとしてもプリンターから出力されるのはＡでもＢでもなくおかしな結果になってしまうでしょう。時間差を利用してもうまくいかない命令は一般的には特権モードと呼ばれる命令で、実際の機械を動かす際に多用されます。プリンター以外にもメモリのどの部分にデータを格納するであるとか、ＣＰＵからでているピン（足）のいずれかの電圧を変更するなど、外につなぐものだけではなく、コンピュータの内側にも多くあります。

そこでＶＭｗａｒｅの初期のエンジニアたちは知恵を絞りました。「ハードウェアとＯＳの間にもうひとつレイヤーを入れて、各ＯＳがハードウェアをコントロールするための言葉を別の言葉に置き換えて処理すればいい」と。

図10 「サーバ仮想化」とは?

1. CPU・メモリ・HDD・NIC などを、ソフトウェアで論理的に作ること
2. 仮想化の層(レイヤー)で、ハードウェアと仮想マシンを切り離すこと
3. ひとつの物理マシン上で、複数のシステムを集めて同時に動かすこと

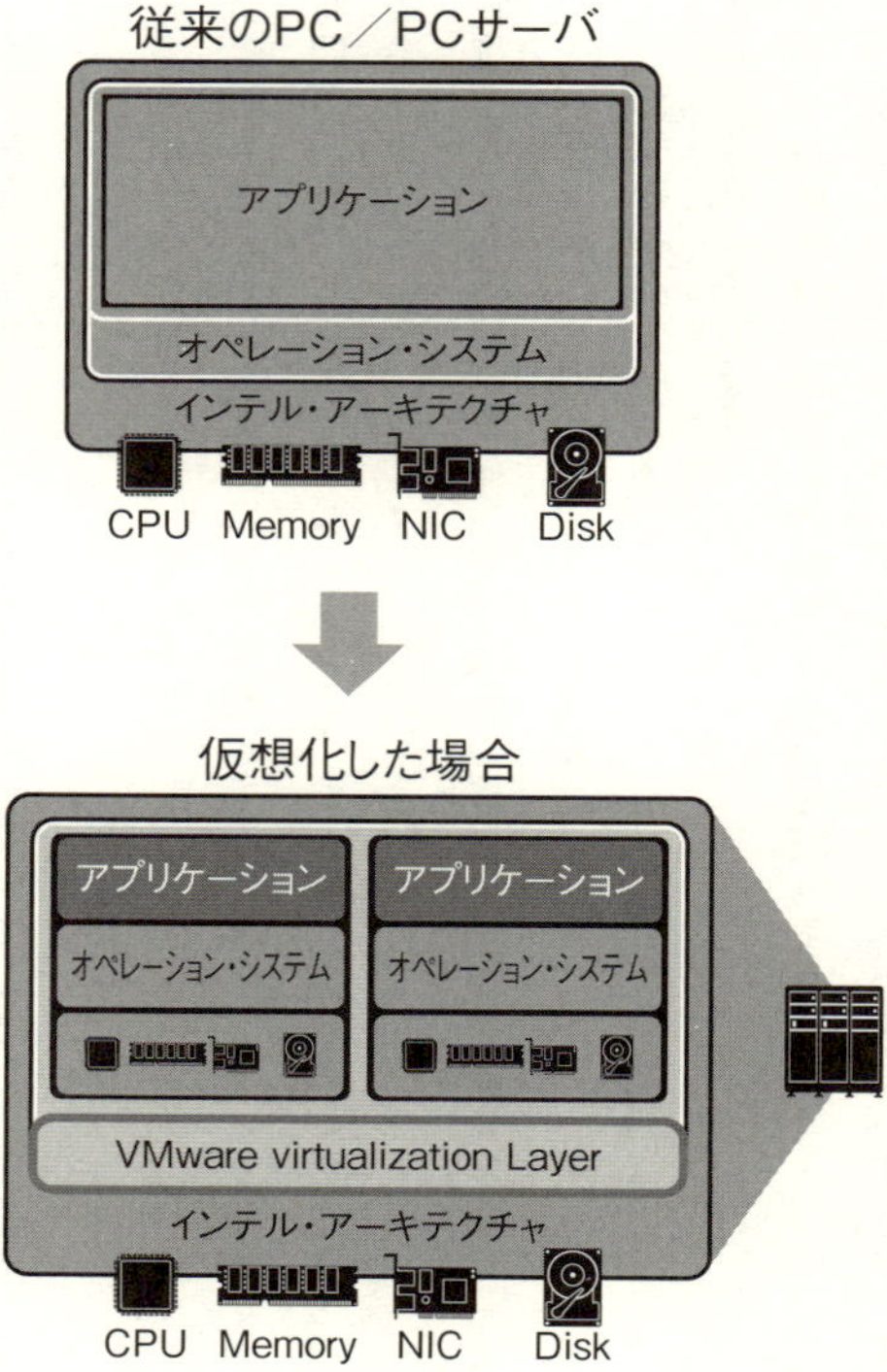

これはバイナリ変換と呼ばれている技術です。そして、この技術がのちにハイパーバイザーというソフトウェアの誕生へとつながります。

仮想化技術の要です。

高性能マシンを効率よく使うための仮想化専用ＯＳ

ハイパーバイザーの正体はＯＳです。

ただし、Ｗｉｎｄｏｗｓやリナックスのような複数のアプリを動かすためのＯＳでも、使い勝手のいいＵＩを備えたＯＳでもありません。ハイパーバイザーは複数のＯＳを動かすためのＯＳ。同一基盤の上で並列処理させるための専用ソフトです。

ハイパーバイザーを使うことでコンピュータのなかに「仮想マシン」を再現することができます。

わかりやすくたとえれば、あなたのパソコンの上でＷｉｎｄｏｗｓとｍａｃＯＳとアンドロイドが同時に動くような環境が作れるということです。

仮想マシンの内部で動作しているＯＳからすれば普段通りに動いていればいい。いつもと同じＣＰＵ、メモリ、補助記憶装置、入出力装置があるという前提で動いていてもまったく問題がありません。CPUへの割り込み信号ですらハイパーバイザーが擬似的に送ってくれます。

ハイパーバイザーをサーバに載せてしまえば、どんなOSでも動きます。そして複数のOSが動きます。先ほどいったように、ハードウェア資源を時間差で割り当てていき、特権モードの命令は直接ハードウェアに送らないように変換するからですね。

現在、実際のサーバ1台でどれくらいの数の仮想マシンが動いているかというと、1台あたり100〜200機くらい。すごい数ですよね。

これは、2時間目で話があった「ムーアの法則」が単なる予言ではなく、本当に実現しているおかげです。ハードウェアは5年で100倍、15年で1000倍のペースで進化をしています。これだけ速くなれば、1台のサーバをたったひとつのOSで使い切ることはむしろ難しくなります。「だったらみんなで同時に使いましょうよ」という着眼点を持ち、その方法を考え、実現したのがダイアン・グリーンであり、その結果生まれたのが仮想化をするためのOS、VMware社のESXiというOSで、「VMware vSphere」という名前で販売されています。

仮想化を特徴づける3つのテクノロジー

さて、仮想化技術によってできることは何か。ポイントは3つあります。

1．OSを分離できる

それぞれのOSがしっかりと分離されます。業界的な表現を使えば「非常にセキュアな状況」。たとえばワードがフリーズしたことでエクセルも一緒に落ちてしまうといった事態を経験されたことがあると思いますが、仮想化環境においては仮想マシンがフリーズしたからといってその他の仮想マシンが道連れになることはありません。

これは、使うほうとしても、サーバを管理するほうとしてもかなり大事なことで、こうしたセキュアな環境を作れるからこそ仮想化が普及した、ともいえます。

2．仮想マシンごとコピーできる

もうひとついいことがカプセル化です。

普段、ワードで文章を書いたらファイルとして保存して、メールで送ったりしますよね。それも一種のカプセル化。データを小さなひとかたまりにして、再度使うときはカプセルを開けばいいのです。

それと同じで仮想化環境では、仮想マシンの状態をファイルとして保存することができます。そのファイルのコピーを取るだけでバックアップを取るのと同じことになり、さらに便利なことは、そのファイルがあれば、ほかのデータセンターにいってVMwareを使っているサーバ上で開けば、すぐに起動できることです。

3．どのメーカーのサーバ上でもOSが動かせる

仮想化すればハードウェアに依存しなくなります。

自前のサーバを持つ多くの企業では減価償却の期間を過ぎたサーバはどんどん買い換えます。ただ、新しいサーバに既存のシステムを移植するためにドライバーを入れ替えたり、正しく動作をするかチェックしたりと相当な手間がかかります。でも自社のシステムをあらかじめ仮想マシンとして構築していれば、サーバを買い換えてもファイルをそのままコピーするだけですみます。「いままでやってきたことはなんなの？」と思うくらい、楽です。

また、サーバを選ぶときも大きなコストメリットがあります。Ｄｅｌｌ、Ｌｅｎｏｖｏ、日立、ＨＰなど、サーバを提供するメーカーはいろいろありますが、いままでなら移植の手間を考えて同じメーカーのサーバを使うケースが多かったのですが、仮想化ＯＳを使う前提ならどのメーカーの商品を使っても同じです。見積もりを依頼して、一番安いところから買う。それでいい。ですので、私はサーバを作っているメーカーの方からはものすごく煙たがられています（笑）。

仮想化の歩み

ＶＭｗａｒｅ社は当初、自分たちではＯＳを作っておらず、リナックスやＷｉｎｄｏｗｓの上で動く「ＶＭＷａｒｅ Ｗｏｒｋｓｔａｔｉｏｎ」という仮想化ソフトの提供からはじめました。バイナリ変換を行うソフトウェアの提供からはじめたのです。ハイパーバイザーとしてＯＳの形で完成する前に、それを特定のＯＳ上のアプリケーションとして提供したのです。それが１９９９年の話ですが、この「ＶＭｗａｒｅ Ｗｏｒｋｓｔａｔｉｏｎ」は現在バージョン12になり、いまでもオンラインで購入することができます。開発者などが利用しており、開発環境であるＷｏｒｋｓｔａｔｉ onから本稼働環境のＥＳＸｉの上にまるっとカプセル化された環境をコピーするだけですむので、開発から本稼働環境への移行が楽になる、という点が支持されています。

２０００年になると自社でＯＳを作りました。「自分たちのＯＳが直接ハードを動かしたほうが軽くなるよね」という発想です。サーバを制御している既存のＯＳを外して、その代わりにこのハイパーバイザー（ＥＳＸｉ）を入れてくださいと。そうすれば1台のサーバで仮想マシンが何台も動かせますよという画期的な提言をしました。

さらに２００３年には複数のサーバをネットワークでつなげてリソースをプールする仕組みを開発しました。これはＥＳＸｉ以外に、「ｖＣｅｎｔｅｒ Ｓｅｒｖｅｒ」といわれるＥＳＸｉを統合管理するサーバソフトウェアを利用することで実現します。

いままでは1台のサーバで複数のＯＳを動かす話をしてきましたが、「ｖＣｅｎｔｅｒ Ｓｅｒｖｅｒ」を使えば複数のサーバをつなげて、あたかもひとつの資源であるかのように活用できます。たとえば、ＣＰＵが４つ載っているサーバが３台あったとして、それをつないでしまえば、事実上「12個のＣＰＵを持ったサーバ」が誕生します。複数のハードウェア資源が束ねられたものを専門用語で「リソースプール」と表現します。

サーバ統合時代の幕開けです。

そして2009年には「VMware vSphere4.0」をリリース。この時代になるとオンラインショッピングのように「このくらいの設定の仮想マシンをちょうだい」といえば、自動販売機のように仮想マシンがピョンとでてくる仕組みも可能になりました。よってこのvSphereは「クラウドOS」というわれ方をしています。

データセンターはVMwareが入っているサーバを用意すればいいだけ。そこにユーザーである各企業がいままで使っていたアプリケーションをOSごとポンと持っていけばいいのです。

または、さまざまなクラウドサービスを提供する事業者（メール、フォトアルバム、ファイル転送、スケジュール管理、タスク管理、ストレージ、RSS、マインドマップ、情報管理、フォトレタッチ、ブックマーク、同期サービスなど）も、いろいろな機能に応じて物理的にサーバを用意してそれらを組み合わせながらやっていたのが、仮想マシン上で動かせばいいだけの話になったことで柔軟にサーバ環境を整えること

図11　物理マシンと仮想マシンの数の推移

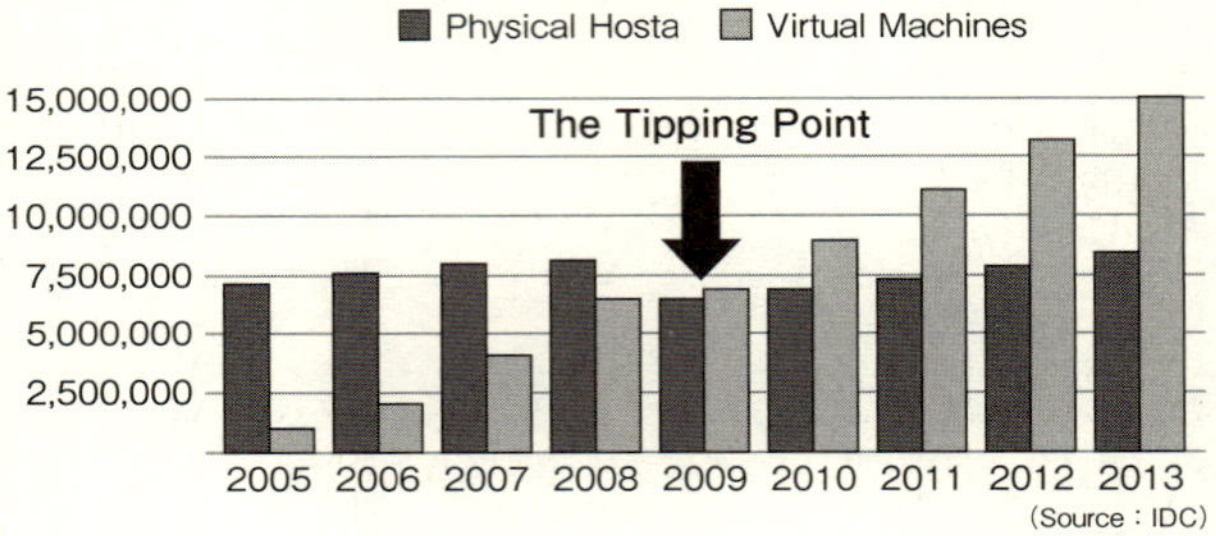

が可能になりました。

クラウド・コンピューティングの普及の背景には、仮想化技術が欠かせないのです。

仮想マシンの数が物理マシンを超えた！

仮想化技術がサーバのあり方をどれくらい変えているか一目でわかるグラフを用意しました。これはデータセンターで使われている物理的なマシンの数と、仮想的なマシンの数の推移を示したものです。

これを見ると、実は2009年の時点で仮想マシン（Virtual Machines）の数が物理マシン（Physical Hosts）の数を超えています。そして、年々仮想マシンの割合が増しています。

このトレンドはデータセンターの世界では当たり前のことになっていて、ある企業のサーバ運用担当者が契約しているデータセンターに足を運んだところで、膨大なサーバを前にして「うちのＷｉｎｄｏｗｓマシンはこれらのサーバのなかのどこかにあるけれど、どのサーバの上にあるのかはわからないし、わからなくてもちゃんと動いているので問題ない」という状況になっています。

仮想化のメリット① サーバ運用コストの削減

仮想化以前は、１００個のシステム（ＯＳ）を動かすには１００台のサーバが必要でした。これを仮想化すれば10台のサーバですみます。サーバ代、場所代だけではなく、実は消費電力も馬鹿になりません。これは重要なことです。電気代は毎月かかるのですから、少しでも早く仮想化すれば、その翌月から電気代が下がるのです。みなさんも携帯電話を月々の支払いの安い、もしくは自分の使い方にとって有利なＭＶＮＯ（Mobile Virtual Network Operator：仮想移動体通信事業者）などに切り替えるなどしていると思いますが、それと同じで、早ければ早いほどメリットが大きいのです。

それにいままでサーバの運用といえばデータセンターに出向いて、ケーブルとキーボードをつないで作業をしていたわけですが、VMwareを使えばネットワーク越しに同じことができます。この仮想マシンの画面が見たいと思ったらネットにつながるパソコンがあればすぐに確認できるのです。結果、遠隔でも管理できるので運用費用がかなり抑えられます。

仮想化のメリット② 可用性が高まる

可用性が高まるとは「使える状態が長くなる」という意味です。

それを象徴するVMwareのひとつの機能をvMotionといいます。仮想マシンを、オンライン状態のままでほかのサーバに移動できるのです。

たとえばサーバのメモリを増設したいので電源を1回切らないといけないといったとき、従来はそのサーバで動作するシステムを一時的に落とす必要がありました。そのため、サーバメンテナンスをするときはシステムを止めても影響が少ない、正月休みや深夜帯や週末に行うことが当たり前だったのです。

しかし、vMotion機能を使えば仮想マシンを一度も落とすことなく、ネットワーク越しに隣のサーバに一時的に退避させることができます。そのためユーザーがたくさんいる昼間でもサーバを止められます。

この機能はVMwareのサーバ仮想化が広まるきっかけとなった最も有名な機能です。ということで、私は深夜作業でいい給料をもらっているサーバ系のエンジニアからも煙たがられています。

あとは本当に障害が起きたとき。突然サーバが落ちてしまったらさすがにvMotionが動きません。そのときのためにHA（High Availability）という機能があります。別のサーバで、その仮想マシンを自動的に再起動してくれます。

結果、システムダウンの状態にいる時間を最小化できます。この機能は一見地味ですがサーバ管理者の方には大変ありがたがられています。

仮想化のメリット③　事業の俊敏性が上がる

仮想化が登場する前、ある企業がサーバを導入するとしたら、ざっくり次のようなプロセスが必要でした。

・サーバ、スペックの選定
・購入、荷受け
・ラッキング、ケーブル結線
・OSセットアップ、パッチ運用
・アプリケーションセットアップ
・システム起動

たとえば速いCPUのサーバが欲しいとなると、海外から在庫を取り寄せることなどザラです。それだけで1ヶ月かかることもあります。さらにそこからサーバを置く専用ラックにセットしてケーブルを配線して、OSやアプリケーションを準備してとなると、「やろう!」と決断してからシステム起動まで2~3ヶ月かかることがあります。

これが仮想化してあると、基本的に「どのようなスペックの仮想マシンが必要か」と考え、オンライン上で設定するだけなので、ものの10分、15分で準備できます。

ちなみに仮想マシンを選ぶときはテンプレートがいろいろ用意されていて、Win

dowsが入った仮想マシンが欲しいならWindowsが装備されたテンプレートをコピーするだけでいいのでOSのインストールは不要です。

そしてテンプレートは自分でも作成できるので、特定のアプリケーションに応じたテンプレートを作っておくとさらに楽です。たとえばマイクロソフトのSQLサーバというアプリケーションをよく使うのであればそれをインストールした状態でテンプレート化しておき、次回以降は単にそれを選ぶだけですみます。

やりたいと思ったときにすぐできることは、いまのスピード力が求められるビジネス環境においてはきわめて重要なポイントでしょう。

仮想化の導入事例　不動産サービス業の場合

実際にあったお客様の例をひとつ紹介します。不動産サービス業の会社です。

仮想化導入前はサーバを32台所有されていました。使用OSはWindows2003Server、RedHat Linux3・x、4・xなど、いくつかありました。さらに使われていたシステムはバックアップ体制が脆《もろ》く、障害が発生すると復旧に多大な時間がかかることが課題でした。

それが仮想化を行ったあと、どうなったと思いますか？

物理的なサーバはたった2台になりました。

事実上、1台でも動きます。何度もいうように1台のコンピュータで異なるOSを動かせるからです。ただ、1台では壊れたらおしまいなので2台にしてあります。万が一サーバが落ちても、先ほどいったHAを使って瞬時に復旧できるようになりました。

32台から2台。これを私どもの業界では「統合率16：1」といいます。「16分の1の大きさになった」という意味です。

さらに、いまですと「50：1」「100：1」といった数値も可能です。

仮想化だけではクラウドのメリットは享受できない

前半部分でクラウド・コンピューティングの5つのメリットを挙げましたが、いま説明してきた仮想化が実現したことでこれらのメリットを先の会社が享受できたのかどうか確認しますと……。

1. 設備投資がいらない→×

サーバやストレージ、セットアップコストなどの初期投資は減ったとはいえ、仮想化のときは購入が必要なのでバツです。

2. すぐにシステムが使える→◯
これはある程度実現できています。

3. 運用コストの効率化→△
台数は大幅に減るのでかかる手間も減りますが、まったくメンテナンスフリーというわけではないので△とします。

4. 一時的な利用が可能→△
小規模なシステムであれば一時的な利用はできますが、今後、サーバ2台では動かない大掛かりなシステムを構築したいならサーバを買わないといけないので△です。

5. 膨大なリソースを利用可能→×
サーバ2台だけなので、膨大とはいいがたく×です。

ハイブリッド・クラウド登場の背景

このように、仮想化にはまだまだ課題があります。

そこで注目を集めたのがパブリック・クラウドです。

いままでお話ししてきた環境は、自前のデータセンターやサーバルームを想定した話なのでプライベート・クラウド（別名、オンプレミス・クラウド）といいます。自社にサーバを置く場合もあれば、データセンターに場所代を払って自分のサーバを置かせてもらうパターンもあります。いずれにせよサーバは自分で買って、何か問題が起きたらサーバのある場所にかけつける必要があります。

それに対して、データセンターが用意する一種の巨大なインフラを活用するクラウドを、パブリック・クラウドといいます。このパターンではサーバはデータセンターが用意をしてくれます。

データセンターはサーバメーカーからすれば上顧客ですから、ものすごく安価でサーバを買えます。そうやって安く買ったサーバをさらにみんなでシェアして使いましょうというビジネスなので、ユーザーとしても非常に安く使えます。

ただし、プライベート・クラウドのほうがセキュリティ面で優れています。会社の大事なデータベースを赤の他人と同じサーバに置くことに不安を覚える人がいて当然です。

それなら自分のところにちゃんと置いておきたいものはプライベート・クラウドで、そしてそれ以外をパブリック・クラウドに置けばいい。このような考え方がでてきました。それをハイブリッド・クラウドといいます。

ハイブリッド・クラウドを使うと、先ほどの5つのポイントがすべて◯になります。

1. 設備投資がいらない→◯

まずは設備投資をかけずにパブリック・クラウドからはじめましょうと。大事なデータがでてきた、もしくはパブリック・クラウドでもちょっと高いと思ったら、ちゃんとした自前のインフラを作ればいいじゃないですかと。これが最近の私の営業文句です。

2. すぐにシステムが使える→◯

もともと◯でした。

3. 運用コストの効率化→◯

パブリック・クラウド（データセンター）に任せてしまえば、自分たちでサーバのお守りをする必要がなくなります。

4．一時的な利用が可能→◯

パブリック・クラウドならやめたいときにいつでもやめられますし、再開したいと思ったらすぐに再開できます。

5．膨大なリソースを利用可能→◯

お金次第ではありますが、少なくとも台数の上限を気にする必要はありません。おそらくみなさんが想像するサーバ数の10倍、100倍のサーバをデータセンターは持っています。

業界で注目を集める「コンテナ技術」

さて、いままではVMwareの話ばかりしてきましたが、ほかにも仮想化システムは存在します。具体的にいえば、KVMというリナックスベースの仮想化システム、あと、WindowsにもHyper Vという仮想化の仕組みが搭載されています。

現在、仮想化技術についてはこの3つの技術がそれぞれで開発を行っていますが、仮想化も成熟してきており、一定のシェアを分け合っているというのが実情です。ただ、ここにきて「コンテナ」という新しい技術が盛り上がってきています。

仮想化はOSを分離させる技術ですが、コンテナはアプリケーションを分離させる技術です。ですからコンテナ技術ではサーバ1台につきOSはひとつしか動かない前提です。

OS部が共有されているので、先ほどいったvMotionのような可用性に通ずる機能はありません。ただ、仮想化環境とは異なりハイパーバイザーがいないので、ハードウェアの力をもっとダイレクトに活かすことができます。

なかでも、コンテナ技術が流行《はや》っている最大の理由は、システムの作り方そのものが変わってきているからです。

たとえば、みなさんが普段使っているツイッターやフェイスブックのようなクラウド・ネイティブなアプリケーション（クラウドで動く前提で作られているアプリケーション）はどのような開発のされ方をしているかというと、完全な分業制です。たとえばGUIを作るチームはアメリカにいる。検索をする部分のプログラムはイギリスのチームが作る。リコメンド機能は日本で作る、といったように。

なぜ別々のチームが打ち合わせもせずに巨大なシステムを構築できるかというと、API（Application Programming Interface：アプリケーション・プログラム・インタフェース）というプログラム同士が通信する仕組みが事前に決まっているからです。

そのAPIの取り決めさえ守っていれば、各チームは自分たちの担当分野をどんどんバージョンアップできます。

このような開発の仕方でできあがったアプリケーションはマイクロサービスの集合であるという呼ばれ方をされます。

巨大なシステムをみんなでいっせいに作るのではなくて、小さなサービス（マイクロサービス）ごとに細分化して独立した小さなチームがそれぞれ担当する。そのほうが開発スピードが速いじゃないかと。では、マイクロサービスが障害で落ちてしまったらどうするのか？　仮想化を利用していないのでHAは使えませんが、そもそもHAを使う必要もないのです。マイクロサービスは常に複数のインスタンスが立ち上がってお互いに処理を分散しているので、マイクロサービスのひとつが利用できなくなっても、別のインスタンスがその処理を継続します。マイクロサービスとは小さなサービスが膨大な数集まって処理を分散し、高速に処理しつつ、かつ可用性も担保するための手段なのです。

そしてそれにうってつけなのがコンテナ技術です。アプリケーションのレベルで可用性が保証されるので、マイクロサービスのうちのいくつかはいつでも落ちてくれて構わないので、仮想化ではなくコンテナレベルでよい、そういう考え方もでてきたわけです。十分に巨大な環境でないとこの話は成り立ちませんが、クラウド時代に生まれてきたアプリケーションとしては当たり前。そんな感じです。

たとえばスマホでクラウド・アプリケーションを使っていたら、使っている最中に先ほどまでなかったボタンがいつの間にか表示されていた、という経験をされた方はいないでしょうか。これはまさに各機能が分業化され、コンテナ化されて動いているからできることです。たまたま新しいボタンが追加されたバージョンのコンテナにアクセスしたので、そういう結果が表示されているのです。この裏ではまさにアプリケーションのバージョンアップが行われています。従来のようにアプリケーションをまるっと入れ替えるのではなく、古いバージョンのコンテナの数をどんどん減らしながら、逆に新しいバージョンのコンテナを増やしているというのがマイクロサービス流のバージョンアップです。その際にアプリケーションが止まることはありません。必ずみなさんのリクエストを処理するためのコンテナが一定数あることが保証されているからです。頻繁に機能が追加されるフェイスブックやツイッターがバージョンアップのたびに1時間とか2時間とか止まったら、これほど流行らないですよね。

ちなみに最近ではこのコンテナを仮想マシンとして使う動きもでています。このあたりはまだ混沌としていて私ですらついていくのがやっとですので、そういったものがあるということだけ伝えておきます。

サーバ運用の課題は「問題の突き止め」

仮想化にしてもコンテナにしても、扱う量が一極集中的に増えるデータセンターはいま、どんどん肥大化しています。ではそれだけサーバの管理人の需要が増えているのかというと必ずしもそうではありません。グーグルのデータセンターでは1万ホスト（サーバ）に対して管理者は1人しかいないそうです。そうなると管理人からすればどんなプログラムが動いているのかなど状況をいちいち把握できませんよね。

実はサーバ管理の大事な仕事に、極端に負荷が上がっているサーバの検知があります。ニュースなどでも「アクセスが殺到してサーバがダウン」といったことを聞いたことがあると思いますが、そうした事態を防がないといけません。

　そういった問題発生の検知の精度を上げるためのソフトウェアもいくつかでています。ＶＭｗａｒｅですと「vRealize Operations」というソフトウェアが提供するダッシュボード機能がそのひとつです。

　そこでは「何をもって問題と判断をするか」のために日ごろから各仮想マシンの利用状況（ＣＰＵ使用率など）をログにとります。マシンの用途によっては「夜になると忙しいけど、昼間は極端に暇」といった癖があります。その癖の平均をとって「標準的な振る舞い」を算出し、あきらかにそれを逸脱する動きを見せたときにサーバ管理者に教える、という機能があるのです。

大災害時はデータセンターごと移動

　データセンターといっても建物ですからいつなんどき大災害に見舞われないとは限りません。ちなみにグーグルは自然災害が起きてもデータを失わないために、世界中に同じデータが３ヶ所あることを保証する仕組みを採用しているそうです。

ＶＭｗａｒｅでも緊急事態に備える「Site Recovery Manager（ＳＲＭ）」というオプションソフトウェアを提供しています。普段から仮想マシンのデータを定期的に別のデータセンターにコピーして、ボタンひとつで別のデータセンターで同じシステムが動きはじめる仕組みです。これはとくに東日本大震災後に注目を集めるようになりました。

仮想化の次に来る「ＳＤＤＣ」

仮想化の次に来るといわれているものとしてＳＤＤＣというものがあります。Software Defined Data Center の略。仮想化の対象をもっと広げましょうという発想で生まれました。

いままで仮想化で扱ってきたのは「仮想マシン」です。つまり、仮想化、リソースプール化の対象となるのはサーバに搭載されているＣＰＵやメモリだけです。それと同じことをデータセンター単位でやろうと考えた大胆な人がいたわけです。「データセンターも仮想的に再現できないものか？」と。

といってもよくわからない人が大半だと思いますが、実際のデータセンターのなかには大量のサーバ以外にもネットワークの機械や、データを貯めておくためのストレージの機械などが存在します。SDDCでは、そうしたネットワーク機能やストレージ機能、またはセキュリティ機能やバックアップの機能などもすべて仮想化してしまうのです。

もちろん実際のデータセンターは存在しつづけますし、それを運営する事業者はいます。ただSDDCなら、ユーザーであるクラウド・アプリケーション事業者などはあまりそうしたこと意識せずにネット上に「バーチャルな自前のデータセンター」を持つことができます。

自分が欲しいデータセンターの構成を入力すれば、実際にハードを買ったり、配線をしたりする手間を一切かけずにすぐに実現できるだけではなく、必要に応じてデータセンターの構成を変えることができるので、そのコストメリットは計り知れません。

ネットワークごと仮想化してしまう「SDN」

いま、ネットワークのスピードはものすごく速くなっています。ムーアの法則では半導体のトランジスタ数が18ヶ月で2倍になるというものですが、ネットワークのスピードはそのさらに半分の9ヶ月で2倍になるという法則があります（ギルダーの法則）。

このようにネットワークは十分速いので、データセンターの世界では「ネットワークを速くしましょう」といった話はあまりされません。

では何が議論されているかというと、実はネットワークが落ちる原因の7割は人為的なミスといわれています。だとしたら、そうした事態が起きないように対策をしましょうということです。そこで注目されているのがＳＤＮ（Software Defined Network）。ネットワークの仮想化です。

仮想マシンと物理マシンの数が２００９年に逆転したといいましたが、それだけ仮想マシンが増えているので、ネットワークにアクセスするポート、これも２０１２年の時点で、仮想的なポートと物理的なポートの数が逆転しています。そういう意味でネットワークの仮想化ははじまっているといえます。

これまでのやり方では、仮想マシンの構築は2分ですんだとしても、ネットワークにつなげるための物理的な準備に5日くらいかかることはザラです。その間に配線を間違えるといった人為的なミスもよく起きます。

ＳＤＮが実現すれば仮想マシンがネットワーク機能まですべて持っている状態で提供されるようになります。人為的なミスが減らせる上に、すべての作業が3分で終わる時代になるかもしれません。

もちろん、実態としては物理的なサーバ、物理的なケーブルの配線がなくなるわけではありませんから、配線と格闘しないといけないエンジニアは当然必要ですが、ユーザーからすればそうした作業は空気のように「あって当たり前」の時代になるでしょう。

コンピュータ・アーキテクチャが進化しても仮想化技術で対応できる

データセンターにとって長年のボトルネックは補助記憶装置のＨＤＤでした。

それに対処するためにいろいろ知恵を絞ってきたのですが、今回、インテルさんの話であった3Ｄクロスポイントテクノロジーのような最新のフラッシュメモリ技術を使えば、いままでのＨＤＤがＤＲＡＭ（メモリ）とさほど変わらない速さになるので、ボトルネックはかなり改善されるはずです。

逆にいうとメモリがいらなくなるので、この先、「メモリ？　ああ、あの電源が落ちるとデータが消えるやつね。懐かしい」といった会話がなされるかもしれません。コンピュータ・アーキテクチャが根本的に変わると思います。

ここで勘のいい方ならお気づきかと思いますが、もしコンピュータがCPUと、電源が落ちてもデータが消えないメモリだけで構成される時代になると、いま世の中に出回っているOSはすべて動かなくなります。HDDとメモリが存在する前提で設計されているからです。

でも、今日お話ししたように仮想化技術があれば、いまのコンピュータ・アーキテクチャをソフト的に再現するだけでどれだけ古いOSやデータであっても使えるということになります。

ストレージ専用機は10年以内に消える

フラッシュメモリのスピードの進歩も著しいですが、もうひとつのアプローチとして、「分散ストレージ」という手法が日に日に増えています。

フラッシュも速いですが、せっかくネットワークも高速化しているのだから、データを分散して置いておき、素早く取りだせるようにする手法です。

そこでネックになるのが、分散したものをどこに置いたかという話になります。その検索をCPUが行っていては、いくら読み書きが高速化してもその検索で処理速度の足を引っ張っては意味がありません。

そのひとつの解決手段として、「探す努力も分散してしまう」という方法もあります。「探してきてね」と方々にお願いをして、集まった結果のなかから正しいものだけを選んでデータとして認識する。これを専門的には、Map／Reduce型処理といいます。みんながそれぞれ探索をして、不要な結果を「捨てる」手法です。

データセンターを構築するときにわざわざストレージ専用機を買わなくてすむ時代がいま、実際にきています。専用のハードウェア、専用のソフトウェアを使ったストレージ専用機はフラッシュメモリや分散処理の台頭であと10年くらいでこの世からなくなっていって、ソフトで、または仮想的にストレージを作る時代になっていくといわれています。

機能やパーツを分離して考えよう

以上、仮想化技術とクラウドについて長々と説明をしてきましたが、2点だけ、みなさんにアドバイスがあります。みなさんの最終課題はコンピュータの未来像を考えることだと聞いていますが、そのとき、「いままでの2倍とか3倍速い」といった発想は捨て去りましょう。

「1000倍、1万倍速い」という世界が確実にきます。

いまの技術水準で考えていても大したアイデアは浮かびません。思考の枠を思いっきり外して自由な発想をしてみるといいと思います。

あとは、いろんな機能や物を分離してみることです。

ハードとOSを分離したのが仮想化です。アプリケーションの使う場所と動く場所を分けたのがクラウドです。機能を分離してシステム開発を行うのがコンテナです。

「あれ、これを分離したらもっと効率がよくなるんじゃないかな?」

「これってわざわざ一緒にやる必要があるのかな?」

こうした着眼点を持つことで、いままでにないプロダクト、アーキテクチャ、サービスなどが生まれるのではないかと思っています。

7時間目

インターネットの正体と変貌するデータセンター

7時間目 講師

堂前清隆
どうまえ・きよたか

株式会社インターネットイニシアティブ(IIJ) 広報部 課長(技術広報担当)。京都府生まれ。インターネットイニシアティブに入社後、Webアプリケーションの企画・開発を担当。株式会社コナミデジタルエンタテインメントとIIJの合弁事業として立ち上げた株式会社インターネットレボリューションにて、PCポータルサイト・ケータイサイトの企画・開発・運用に携わる。IIJへの帰任後は、コンテナ型データセンターの研究開発に従事。その後、SNSやブログ、講演を通してインターネットの技術情報の普及活動を開始する。IIJでの個人向けMVNOサービス開始に伴い、最近はモバイルについて各所で講演・執筆を行うことが増えている。コンテナ型データセンターの開発において、サーバラックの斜め配置についての特許を開発チームの一員として取得(特許番号:第5064538号)

日本初のプロバイダー「IIJ」

IIJ（アイアイジェイ）の堂前と申します。この授業では主にインターネットとデータセンターについてお話をさせていただきます。前回の仮想化技術の講義のなかでもデータセンターについての話があったかと思いますので、できるだけ重複しないように心がけます。

さて私どもの会社は、日本語表記だと「株式会社インターネットイニシアティブ」です。英語表記になると「Internet Initiative Japan」と最後に「Japan」がつくので「外資系企業の日本支社なの？」と勘違いされる方が多いのですが、純日本企業です。

メインの事業はインターネット・サービス・プロバイダー（Internet Service Provider：ISP）。インターネットのサービスを提供する会社という意味で、実は当社、日本初のプロバイダーです。お客様のほとんどは法人様なので、初めて名前を聞く方もいらっしゃるでしょう。

ただ、IIJmio（IIJミオ）というブランド名を聞いたことがある方はいらっしゃるかもしれません。ここ数年流行っている「格安SIM」「格安スマホ」の分野で成長しているブランドで、通称「みおふぉん」と呼ばれています。あとはクラウドに関してはＩＩＪ ＧＩＯ（ＩＩＪジオ）というブランドも展開しています。

インターネットのスペシャリスト集団

当社はインターネットの会社ですが、具体的に何をやっているのか説明するのが少し難しいものがありますので、今日はまずそこから入っていきたいと思います。

日本でインターネットが一般に使われるようになったのは１９９３年くらいです。それまでも日本にインターネットはありましたが、学術・研究目的のためだけに使われていました。インターネットを維持する費用を大学や研究機関などが負担していたのです。

ですから、インターネットを使って論文を取り寄せたり、研究目的で情報のやり取りをしたりすることはいいのですが、インターネット「で」商売をする、またはインターネット「を」商売にすることは許されていなかったのです。

でも、インターネットはもっと便利で面白いものであるはずで、ビジネスや遊びにもどんどん使えるはずだ、という人たちもいました。

そんな人たちが１９９２年12月に立ち上げたのがＩＩＪです。

プロバイダーとしてのIIJの主なお客様は法人やお役所です。とくに大企業に強く、大半の業種のトップ10企業に対する当社の浸透率は8割以上あります。

そうやってISPとしてはじめたIIJですが、日本初のプロバイダーという位置付けもあって、ユーザー様からインターネット関連のさまざまな要望をいただくことになりました。そうしたご要望に応えているうちに当社のサービス分野も広がっていったというのが実態です。

たとえばネットセキュリティ、データセンター、クラウド、システム開発、MVNO事業（自前の無線設備を持たないモバイル通信事業）などです。面白いところでは高校野球のネットでの動画配信やベルリン・フィルハーモニー管弦楽団と提携したハイレゾ音源でのライブ配信なども行っています。

クライアント・サーバ・モデルとは

では本題に入りましょう。

橋本先生から頂戴したお題は「データセンター」なのですが、もう少し身近な内容にして、「ネットの向こう側」というくくりでお話ししたいと思います。

みなさんはどんなときに「インターネットを使っている」と実感しますか？

ＳＮＳをしているとき、ウェブを閲覧しているとき、動画を見ているとき、ゲームをしているときなどさまざまでしょう。

それ以外にもみなさんがお使いのスマートフォンも「インターネットの一部」とみなすこともできるでしょう。電話で「もしもし」としゃべっているときは電話の技術を使いますが、最近利用者が増えているＬＩＮＥやメッセンジャーの通話機能ではインターネットの技術を使います。もちろん、通話機能だけでなく、スマホに載っているアプリのほとんどはインターネット技術を使っています。

インターネットの活用例は挙げればきりがありません。

たとえばゲームセンターです。全国ランキングを表示したり、プレイデータを保存したり、新しい楽曲やゲームのアップデートを配信したり、遠隔にいるユーザーと対戦をしたりという事にインターネットが使われています。

またはコンビニであればレジのデータを集計するＰＯＳシステムもインターネットが使われています。全国に１万軒もある店舗のデータを人力で集めていては効率が悪すぎるので、ここでも暗号化技術を使いながらインターネットでデータを送受信するといったことをしています。

さて、いままでの話のようにみなさんがイメージしやすいのは、「ネットの手前側」の世界です。つまり、ゲーム本体であったり、レジであったり、スマホであったり。でも実際にデータの集計を行ったり、データを保存したり、アプリに命令をしたりしているのは、実は「ネットの向こう側」の話です。

そこで使われるのが、授業で何度もでてきた「サーバ」です。

「サーバ（Server）」とは給士人という意味です。給士というくらいですからそのサービスを「要求する側」もいるわけで、それを「クライアント（Client：顧客）」と呼びます。ゲームセンターの筐体やスマホ、パソコン、レジなどがクライアントにあたります。

サーバは動画配信機能であったり、データ集計機能であったり、メール機能であったりとさまざまな機能を持っています。普段みなさんが見ているウェブサイトも、ウェブのデータを送信するサーバがネットの向こう側で働いています。

クライアントが要求をして、それをサーバが返す。これをクライアント・サーバ・モデルといいます。最近流行りのGmailのようなクラウドアプリケーションも、

図12　サーバとクライアントとインターネット

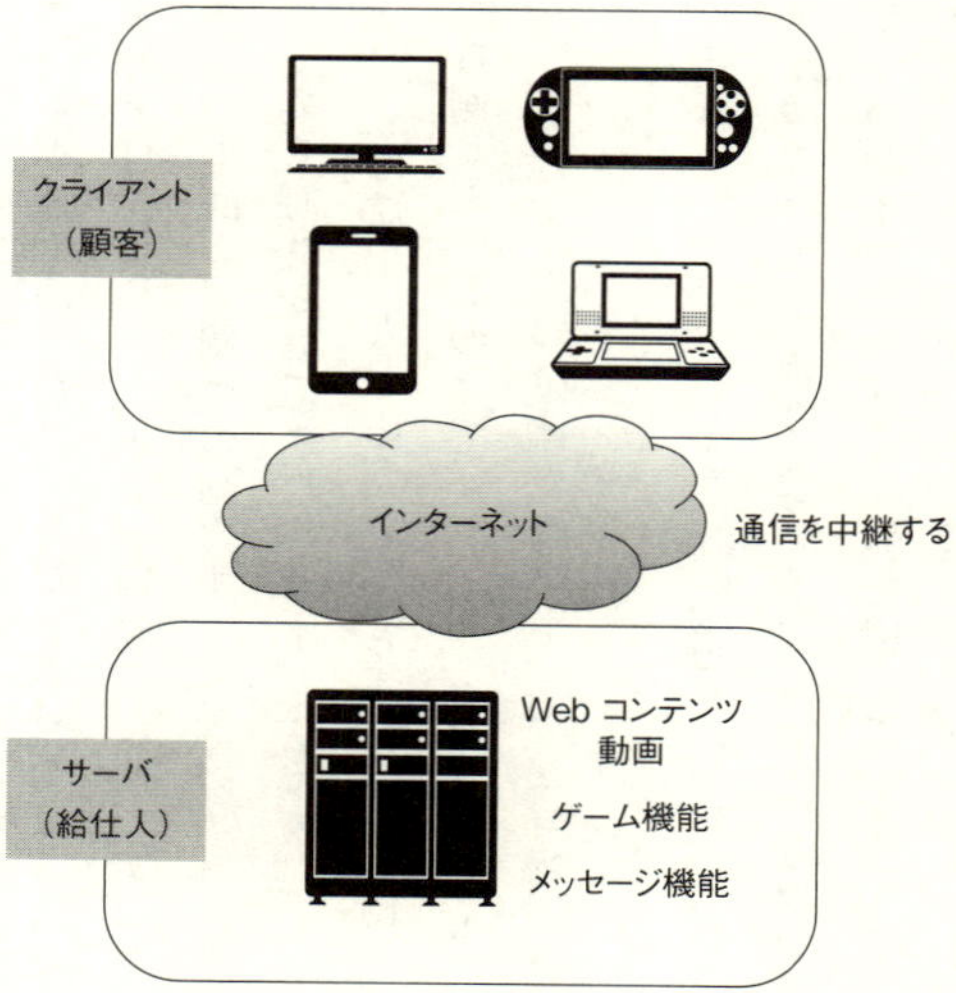

多くがクライアント・サーバ・モデルです。

そしてクライアントとサーバをつなげるものがインターネットです。

いくつかの「取り決め」で成り立つインターネット

インターネットを理解していただくために、その通信の仕組みを紹介します。完全に理解する必要はありませんが、一度だけ説明させてください。

インターネットを使うときに「ＨＴＴＰ」や「ＴＣＰ／ＩＰ」といった独特の用語を聞いたことがあると思いますが、これらは私たちの業界で「プロトコル」といいます。

プロトコルとはお互い通信し合うときの「決められた手順」のことです。たとえばトランシーバーを使うとき、話を終えるときに「どうぞ」といったりするのも、同時に話をしたら相手の言葉を聞き逃す恐れがあるのでルールを決めているわけですね。それとまったく同じです。

たとえばブラウザでネットを閲覧しているときは「ＨＴＴＰ」「ＴＣＰ」「ＩＰ」の３つのプロトコルを使います。これはソフトウェアで作られています。さらに「イーサネット」というプロトコルを使った光ファイバーや銅線を経て、クライアントとサーバが通信をしています。

ちなみにプロトコルとはもともと「外交儀礼」という英単語です。今年、伊勢志摩でサミットがありましたが、ああいった外交の場では、実は世界的に共有されている外交儀礼に沿って行われます。各国がよかれと思ってバラバラの儀礼を行っていては、何かと文化的な違いもあるので、うまく嚙み合わないこともあるからです。

電気通信事業者って何だ？

通信の仕組みをひもといていくと、その一番基本には光ファイバーや銅線で作られた通信回線が登場します。みなさんのスマホやパソコンと、ネットの向こう側にあるサーバは、何かしらの通信回線でつながっています。

これをつなげる仕事を電気通信事業といいます。ＩＩＪも電気通信事業者です。

ただ、電気通信事業者といっても大きく分けて３つあります。

・キャリア

光ファイバーや銅線を引っ張っている事業者のことです。NTT東日本・西日本、NTTコミュニケーションズ、KDDI、ソフトバンクなどがこれにあたります。IIJは電気通信事業者ですが、物理的な光ファイバーは持っていません。キャリアから借りてきて使っています。

・ISP

キャリアの用意するインフラを使ってインターネット環境を提供する事業者。IIJはここに属します。前記のキャリアのなかではNTTコミュニケーションズ、KDDI、ソフトバンクはISPでもあります。それ以外に日本だけでもISPは数千社あるといわれています。

・コンテンツプロバイダー（OTT事業者）

インターネットを使って何かサービスを提供する事業者。たとえばLINEは、インターネットがあることを前提にメッセージをやり取りしたりするサービスを提供しています。これを「ネットワークの一番上」を意味する「Over The Top」から頭文字を取った「OTT事業者」、またはコンテンツ事業者といいます。

ちなみに鉄道会社や高速道路会社や自治体なども光ファイバーを持っています。一例を挙げると東武鉄道。この会社では線路の脇に光ファイバーを埋めています。それは自社で使うためだけでなく、サイドビジネスとしてNTTやそのほかの通信キャリアに貸しだすためのものです。

これがインターネットの正体だ！

さて、キャリアの光ファイバーがあっても、みなさんの自宅とサーバを直接つなぐことはできません。キャリアの光ファイバーは、あくまで1対1で接続することしかできないからです。あるサーバを多くの人が利用するためには、サーバに無数の光ファイバーを接続することになってしまいます。

そのためにプロバイダーがいます。みなさんのご自宅から光ファイバーをISPにつなぎます。そしてISPが、みなさんの代わりにサーバとつなぎます。

こうすることでISPのところに通信が集まりますので効率的に通信ができます。ある意味、各自宅、各サーバから回線を集めてくるのがISPの仕事であるともいえます。

ところが、実際にＩＳＰはたくさんありますので、みなさんはＡ社というプロバイダーと契約していても、使いたいサーバはＢ社と契約している場合もあります。そうするとそのままでは通信できません。

それを解決するにはＡ社とＢ社がつながればいいという話になりますよね。

そしてこれがインターネットの正体です。

インターネットというとひとつの単語のように思われますが、元は「Inter-Net」からきています。Ｉｎｔｅｒとは「間」という意味で、「Inter-Net」でネットとネットの間という意味です。ネットとはここではプロバイダーだと思っていただければ構いません。これがインターネットが起こったときの最初の定義です。

ＩＳＰ同士がどうつながっているのか確認できるソフトを使って、実際に調べてみました。このソフトは私たちのＩＩＪから、指定したウェブサイト（サーバ）にいくまでにどのようなプロバイダーを経由しているかを調べ、表示するものです。

たとえばデジタルハリウッドのＨＰを閲覧するまでには、ＩＩＪから当社のグループ会社であるインターネットマルチフィード社を経由し、ＮＴＴコミュニケーションズにつながって、デジタルハリウッドにつながる、という結果になりました。

ではアップルはどうかというとＩＩＪからインターネットマルチフィード社、そこからＮＴＴアメリカに飛んで、もう1社を経由して、アップルにつながっています。

こうした調査を繰り返すことで、世界のインターネットのつながり方を調べようと思えば調べられますが、あまりに膨大なので現実的ではありません。

ただ、ある程度調べたものを見つけたので紹介します（i.impressrd.jp/e20070730l9参照）。

２００７年と少し古いデータになるのですが、インプレスというコンピュータ関係の出版社が日本のＩＳＰ各社にアンケート調査をしました。どこのプロバイダーとつながっているかアンケートをして、それを集計したものです。いってみればインターネットの解体図です。そこに描かれている小さい丸ひとつひとつがＩＳＰです。

実際には返答があったＩＳＰは3割くらいだったそうですが、それでもこれくらいの密度のネットワークになります。これを見てひとつ顕著なのが、大手のプロバイダーほど線が集中していること。ＩＩＪ、ＯＣＮ（ＮＴＴコミュニケーションズ）、ＫＤＤＩ、ソフトバンクテレコムなどです。

インターネットの道案内役、ルーター

ＩＳＰを複数経由すればお目当てのサーバとつながることができる。と、ここまではご理解いただいたと思いますが、ひとつの疑問が湧くと思います。

お目当のサーバまで、どういうルートを経由すればいいのか？

ここは非常に重要なポイントです。

実はインターネットのなかには、「ここを経由しなさい」と道案内をしてくれる機械があります。それがルーターです。ルーターはネットワークのどこを通ればいいのかという情報を集めてきて、「一番速いルートはここです」といったことを教えてくれます。ルート（route）を示す機械なので、ルーター（router）です。

インターネットの状況は刻一刻と変わりますので、それを常に監視して最適なルートを教えてあげる。こうした道案内のためのルーターを設置して稼動させることが、プロバイダーにとって一番重要な仕事なのです。

世界とつながるかはＩＳＰの努力次第

また、先ほど紹介したインプレスのマップでは丸い点ひとつがＩＳＰだといいまし

たが、実は丸い点のなかも複雑です。

ＩＩＪだけで日本国内に30弱の拠点があり、東京近郊だけで12拠点。また、世界で見ると北米に5つ、ヨーロッパはロンドン、アジアは香港とシンガポールにあります。

なぜこんなに拠点を用意する必要があるのかというと、たとえば、北海道のお客様が東京につなげるには物理的な距離が遠すぎてキャリアに支払う光ファイバーの費用が高額になるためです。札幌の拠点で付近の複数のお客様の通信をとりまとめることでコストダウンがはかれます。

では海外はどうかというとこれは話が別です。北米の拠点ではアメリカのＩＳＰとネットワークを接続しているのです。ロンドンやアジアの拠点も同じ目的で、それぞれの拠点で海外のＩＳＰとネットワークを接続しています。これによって世界のインターネットと日本の利用者を結んでいるのです。

日本にはＩＳＰが数千社あるといいましたが、こうやって海外と直接つながるネットワークを持っているＩＳＰは10社くらいしかありません。ではほかの事業者はどうしているかというと、私たちのような海外につながっているＩＳＰを利用しています。たとえばアメリカ行きの通信であれば、一旦ＩＩＪにやってきて、私たちが代わりに通信するといったことをしています。

ここまでの話を要約しますと、ネットの向こう側にはサーバがあるという話。そして、インターネットの正体はＩＳＰの集まりであるという話。そして、ＩＳＰは日本中（世界中）に拠点をつくっていろいろな人（機械）をつなげる努力をしているという説明をさせていただきました。

サーバは自作できる。でもリスクがある

ここからはネットの向こう側に何があるかという話をしたいと思います。

ここではあえて、極端な例から紹介したいと思います。

ＳＮＳのＰｉｘｉｖさんのサーバは、２０１０年ごろまではなんと自作だったそうです。自社のオフィスの一角に、ごく普通のメタルラックを並べ、既製品のサーバではなく秋葉原でパーツを買ってきて、ベニア板に貼り付けてサーバに仕立てていました。肝心のネット回線は、家庭用の１００Ｍｂｐｓの光回線を23本と１Ｇｂｐｓを２本引き込んで対応されていました。

このように、みなさんもご自宅にサーバをたくさん置いて、回線をたくさん用意し

て、あとは電力会社に電気の容量を増やしてもらえればサーバ環境は作れます。

ですが、普通はやりません。自前でサーバを用意する会社は非常に珍しい例です。実際にPixivさんも現在はこのようなことは行っていません。

なぜか？　万が一サーバに不具合が起きたら大問題だからです。

たとえば無料のニュースサイトなら広告収入でビジネスが成り立つわけですから、サーバが止まって広告が表示できないとお金が入ってきません。ECサイトであればサーバが1日止まると何百件分もの商機をみすみす逃してしまうことになります。もっと怖い例でいえば、株やFXのサイトが止まってお客様が売り買いできず、大きな損害をだしてしまったらおそらく裁判沙汰になるでしょう。

サーバを運営するときに留意すべき注意点はいくつかあります。

・サーバ本体が故障する
・HDDが壊れてデータが消える
・通信回線が切れる
・停電、火災、地震、洪水が起きる

・サーバごと盗まれる

こうしたリスクがあるので、サーバは専用の機材を使い、専用の設置場所に置くことが一般的になっています。

サーバ専用機とは何者か

では、サーバ専用機とはどういったものかというと、基本的なコンピュータ・アーキテクチャは普通のコンピュータと同じです。ただし、専用のケースに入っていて、耐久性を上げるためにHDDを複数積むといった特殊な仕様で作られています。

機種によって本体の大きさがバラバラなパソコンとは違い、サーバは大きさに標準規格があって幅は19インチと決まっています。プロミュージシャンが使う音楽機材と同じです。高さについては「U（ユニット）」単位で作られていて、1Uは1.75インチ。サーバによって1U、2U、4Uなどに分かれています。要は横長で平べったい形状をしています。

そしてそのサーバを収める専用の棚のことを「ラック（19インチラック）」といい

ます。こうやってサーバを作る会社も、ラックを作る会社も同じ規格で作るため、どこのサーバであってもどこのラックにもはまり、ネジ穴の位置がぴったり合います。

では企業のサーバではこういった専用機をどれくらい使うのか。

私が以前携わった携帯用SNSでは、会員数は20万人くらいだったのでさほど大きなサービスではありませんでしたが、それでも50台くらいのサーバがありました。50台すべてに同じことをさせるのではなく、それらを機能によってふり分けています。

たとえばホームページを表示させるためのウェブサーバがあったり、アバター画像を合成するための専用サーバがあったり、さらにデータを記憶するサーバ（データベース）として、ユーザーのゲームの履歴、会員情報、SNSの日記や掲示板のログなどを保存するそれぞれのサーバが動いていました。すべてを含めて50台くらいです。

また、世界中のプレイヤーがオンライン上の仮想空間で遊ぶMMO（大規模多人数型オンライン）ゲームなどでは、ゲームをプレイする舞台を「ワールド1」「ワールド2」などに分割することがあります。これはひとつのサーバでは多数のプレイヤーのリクエストに応えきれないためです。オンラインゲームでの「ワールド」とは1セットの「サーバ」のことです。

サーバの数が多くなるふたつの理由

基本的にサーバが多くなってしまう理由はふたつしかありません。
ここは今回の講義のキーワードなのでぜひ覚えていただきたいところです。

1．負荷分散

1台のサーバではできることに上限があります。だったら複数のサーバに分ければいい。計算処理が多いなら計算専用のサーバを増やす。データが多いならデータベース専用のサーバを増やす。プレイヤーが多いなら対応窓口のサーバを増やす。これが負荷分散です。

2．冗長化

「冗長化」とは、簡単にいえばバックアップ用の機械を準備しておくことです。機械ですからいつか絶対に壊れます。ですので同じ役割、同じ性能のコンピュータを2～3台置いておいて、どれかが壊れても動くようにしておく。こうした理由で台数を増やす場合もあります。

サーバ専用施設、データセンター

ではこうしたサーバをどこに設置するのが理想なのでしょうか。

その答えがサーバを置くためだけに作られた施設、データセンターです。

自宅や事務所に置いておくと不安なサーバでも、データセンターなら安全。データセンターをデータセンターたらしめる3つの要件としては「建物」「電気」「冷却」が挙げられます。

まずは建物の話をしましょう。データセンターがどのような外観をしているのかお見せしたいのですが、実はこういった情報はオープンになっていません。基本的に機密情報とされていて原則、用事がない人には場所を教えないことが通例になっています。ただし、のちほど当社のデータセンターは紹介します。

とはいえナイショではつまらないので、その建物がデータセンターかどうかを推測するヒントをお教えします。

それは、窓がない、ということです。

建物のなかにはサーバしかないので景色などどうでもいいですし、窓が破られる可能性があるので、防犯上のデメリットでしかないからです。ちなみに都心部にドカンと立っていたり、郊外のマンションの隣に立っていたりと意外と身近なところにあったりします。

その立地選びの基準としてはいくつかありますが、ひとつは地震対策として断層の上を避けたり、津波対策として海沿いの低地を避けたりすることは基本です。あとは交通の利便性を考慮して国道沿いに作るケースもあれば、土地や人件費の安い地方を選ぶ場合もあります。

もちろん構造は免震・耐震構造が当たり前で、消火設備も電子機器にとって大敵の水を使わないように、部屋を締め切って窒素ガス、二酸化炭素、ハロンガスなどで消す仕組みを採用しています。

ちなみに、あるデータセンターはフロアの面積が1600平方メートル、ラック500台。1万2000台ほどのサーバを設置することができます。

データセンターは熱との戦い！

電気と冷却については表裏一体の関係なのでまとめてお話しします。

サーバ1台の消費電力量は200Wくらいです。それだけだととくに何も感じないでしょうが、たった4台集まるだけで800W。だいたい電気ストーブ1台と同じです。

ということは、1ラックに40台サーバを積んでいれば、1ラックあたり電気ストーブ10台分。一般家庭のブレーカーは一瞬で飛びます（2LDKのマンションなら約30A＝3000W）。

これくらい、サーバは電気を使うのです。

さらに、エネルギー保存の法則に従えば、そこで使われた電気はすべて熱に変わります。マンション2部屋分以上の電気を消費するラックが何百台も並んでいるわけですから、ものすごい熱です。放っておくと室内は熱の海になってコンピュータが壊れます。ですので、データセンターでは1年中エアコンがフル稼動しています。

サーバが消費する総電力が1万Wなら、それを冷やすために必要なエアコンの電力量は5000〜1万Wといわれています。

よって、これだけの電気を安定して確保することがデータセンターに課せれられた使命なのです。

一般家庭ではどこかの電柱から電線を1本引いているだけです。しかし、データセンターの場合は複数の変電所から送電線を引っ張っています。ひとつの変電所が止まっても大丈夫なようにするためです。ただし、変電所が止まるような事態が起きるとき、いくらほかの変電所とつながっていても一瞬だけ電気が止まります。コンピュータにとって電源が落ちることは、一瞬であろうが1時間であろうが同じです。システムが止まります。

そうならないようにデータセンターでは数十秒～数分は電気をまかなえる蓄電池を自前で置いています。さらに、すべての変電所がダメになったときに備え、非常用の発電機を置いているところもあります。その非常用発電に切り替えるまでにも何十秒か時間がかかるので、蓄電池は絶対に欠かせません。

実際、東日本大震災が起きたとき、複数のデータセンターですべての変電所からの送電が止まりました。でも蓄電池と非常用発電機があったので、システムを止めることなく稼動できたのです。ちなみにアメリカでは停電がしょっちゅう起きますので、自家発電設備は日本のデータセンターよりも重視されています。

ここまでの内容をまとめます。

商用サーバは家や事務所に置くことはリスクが大きすぎるので、そのためにデータセンターが存在するという話。データセンターは安定的な運用をするためのさまざまな予防策が張られているという話。そしてデータセンターの3大要素は建物・電気・冷却であるという話でした。

誰もデータセンターの「場所」を気にしなくなった

ここ数年、サーバ周辺で見られる顕著な変化がふたつあります。購入からレンタルへの変化。そして物理から仮想への変化です。つまりクラウド化です。このあたりについては前の時間、詳しく話があったと思います。

ではその結果何が起きているのかというと、もはやデータセンターがどこにあろうとユーザがデータセンターの「場所」を意識する必要がなくなったことです。これはクラウド化を象徴するきわめて大きな変化です。

いままで企業はデータセンターに場所代を払って自分たちでサーバを置いていまし

た。ですからサーバにトラブルがあれば担当者は休日であろうが深夜であろうがすぐに飛んで行って自分で電源の「オフ・オン」をする必要があったわけです。そのため企業にとっては「近場にある」ということもデータセンターを選ぶひとつの選考基準でした。

でもクラウド化された現在では、サーバの電源の「オフ・オン」ですらウェブブラウザ上で管理できます。メモリやHDDを増やしたいと思ったら、値を設定してクリックすればいいだけです。

分業化によるクラウド事業者の台頭

クラウド化されたことによって何が起きているかというと、サーバを管理する企業が絞られるようになってきました。分業化の時代です。

結局、クラウド化されたといっても物理的なサーバがなくなるわけではありません。誰かがあなたの代わりにやってくれる時代になった、というだけです。

いまの時代では、サーバを管理する専門企業のことをクラウド事業者といいます。グーグル、Microsoft Azure、アマゾンウェブサービス、IIJ GI

Oといったサービスです。

私自身もIIJ GIOに携わっているのでよくわかりますが、クラウド環境を作る作業は簡単ではありません。

1回に買うサーバの台数は1000台、2000台単位。当然、お金もかかりますし、千台単位になってくるとメーカーさんとの生産調整ですとか、データセンターまでどうやって運搬するかといった話や、1000台分の開封と設置をどうするかとか、設置ができたらできたで大量の配線作業をどうするのかといった作業が待っています。

ふわふわした雲の向こう側は、実は非常に泥臭い世界なのです。

業界の新トレンド、コンテナ型データセンター

そこでいま業界でひとつの動きとして進んでいるのがデータセンターの効率化です。クラウド化されたいま、お客様はデータセンターに来ません。来るのは自社のエンジニアだけです。それでできたのが次のページの写真のものです。

コンテナ型データセンター。写真のものはIIJ製ですが、グーグルのようなほかのクラウド事業者もやっています。6時間目でできた「コンテナ技術」はソフトウェ

「コンテナ型 DC モジュール IZmo」の外観。

上記、コンテナ内のサーバ。

松江データセンターパーク（DCP）の空撮写真。

アの話ですが、こちらは文字通りのコンテナ。幅2・5メートル、高さ2・4メートルくらいのトラックの荷台についているようなコンテナがずらっと並んでいます。

もはや建物ですらありません。

このデータセンター、島根県松江市の中心街から外れた山中にあります。土地が安かったからです。どうせお客様がこないのであれば、運用コスト優先でうんと遠くにいってしまえという発想です。

前のページの上の写真の右側にあるコンテナがコンピュータが入っているところで、左側が冷房ユニットです。この1台にサーバが360台入っていて、消費電力がだいたい9万W。マンションでいえば30部屋分です。これを9メートル×2・5メートルの狭いところで使っています。

でもこれでいいのです。人がこないのですから。

IIJ独自の工夫がつまったデータセンター

さらに冷却装置にもこだわりました。

従来のエアコンを使った冷却方法はあまりに電力を使うので私たちの冷却装置では扇風機を使っています。夏場のためにエアコンを設置していますが、基本的には扇風機で外気の取り入れと熱風の排出をコントロールしながら適切な温度を保つようにしています。

またこのデータセンター、最初に造成した敷地はあっという間に使い切ってしまいまして現在は拡張済みです。その際、最初の設計で使いづらかった部分をいくつか改良しています。

まず、単なる平屋ではなく通路部に屋根をつけてみました。あと、以前は大きなクレーンでコンテナを設置場所まで移動させていましたが、大きなクレーン車は操作が難しいですしコストもかかるのでコンテナの下にタイヤをかまして人力で動かせるようにしました。こうすれば小さなクレーンでトラックの横に下ろすだけで、屋根の下を人力で運べます。

移動が簡単ということは入れ替えも簡単ということです。

もしビル型のデータセンターであれば40年間くらいの使用を想定しています。逆にいえば、その間、技術革新があっても建物は変更できません。しかし、小さいコンテナを組み合わせる仕組みなら新規技術をどんどん投入できます。

現在、当社ではこのコンテナ型データセンターを輸出しています。ただ、トラックのコンテナでは海上輸送が大変なので海運用のコンテナの規格に合わせたものを作って、ロシアとラオスに輸出済みです。ラオスの場合は国のデータを集計するナショナルデータセンターとして活用されるそうです。

データセンターは国内に置くべし!

このグローバル化の時代に、なぜそこまでして国土の狭い日本でデータセンターを作らないといけないんだという意見もあるでしょう。

しかし、私どもはそう思いません。

ネガティブな話をさせてもらうと、現在、主にアメリカ、中国、ヨーロッパの間で、データの扱いに関してのつばぜり合いが起きています。

アメリカの法律では同国内にあるサーバについてはアメリカ側の都合でそのなかのデータを押収できます。実際、アメリカは世界中の通信を傍受していて、それが暴露されるという事件がありました。日本企業が使っているデータセンターがアメリカにあった場合、そのデータをアメリカ政府が勝手に監視をしたり、場合によっては没収するのではといった懸念があります。

ヨーロッパではアメリカのこうした姿勢に反発の動きを強めていて自国の秘密に関する情報はヨーロッパ以外に置いてはいけないという法律がすでにできています。また、中国は国の政策としてインターネットの通信に制限をかけています。そしてこうした綱引きに日本も巻き込まれています。

日本における商用インターネットの開拓者である私どもとしては、国や日本企業のデータを守る場所を自国内に確保することが重要だと考えています。

とはいえ、実は自国にデータセンターを置く理由はそれ以外にもあります。

いくら光ファイバーだとはいえ、アメリカはあまりに遠いのです。

ネットワーク越しに「おーい」といって、相手から「おーい」と返ってくるまでの時間を遅延（ディレイ）といいます。東京‐大阪間では10ミリ秒くらいなのに対して、東京‐アメリカ西海岸は100ミリ秒、東海岸では180ミリ秒もかかります。

なぜこれだけの遅延が起きるかというとそれが光の速度の限界だからです。

ですからネットワークゲームのようにリアルタイム性が要求されるものは日本のサーバを使わないと快適に遊べないといったことが現に起こっています。

これが未来のコンピュータ

こうやってクラウド化が進んだ結果、データセンターのあり方まで変わってくるとなると、極端な話、このコンテナを「未来のコンピュータ」とみなしていいのではないか、と私は思います。

いまみなさんの手元にあるスマートデバイスやパソコンやゲーム機。こうしたクライアントは今後も残ります。でも肝心の頭脳は、松江の山のなかに置かれたコンテナにある。これがまさにクラウド・コンピューティングですし、今後もこの流れが進んでいくのではないかと思います。

8時間目 セグウェイに見る人間とロボットの関わり方

8時間目 講師

大塚寛《おおつか・ひろし》

セグウェイジャパン株式会社 代表取締役社長。1971年、神奈川県生まれ。1995年に日本クレイ株式会社入社、企画推進本部グラフィックスビジネス推進部部長などを務めたあと、2001年に壁紙ドットコム株式会社（現GMOメディア株式会社）取締役に就任。その後、日本SGI株式会社に移り、新規事業推進本部ロボット事業準備室室長、マーケティング本部新規事業推進統括、戦略事業推進本部長などを歴任。2008年、セグウェイジャパン株式会社代表取締役社長に就任。幼少時からのロボットへのあこがれ、またスーパーコンピュータメーカーでの多くの先端科学者との出会いにより、ITからロボット分野を見ることが大きな展開になると予見し、セグウェイやロボット要素技術分野へチャレンジ。そのほかに、モノづくり推進会ロボット研究会委員、経済産業省 IT融合事業産業創出検討委員会委員、首都大学東京非常勤講師などを務める。

ロボットの世界への挑戦

セグウェイジャパンの大塚です。みなさんも「セグウェイ」(電動立ち乗り二輪車)はご存知かと思います。日本では公道が走れないので街中で見かける機会が少ないですが、空港などの公共施設での利用は着実に増えています。

私のキャリアのスタートはアメリカのクレイというスーパーコンピュータの会社でした。のちにシリコングラフィックスに入り、その後、いまでは一部上場企業になったGMOで、壁紙ドットコムという会社を創業メンバーとして立ち上げました。ちなみに壁紙ドットコムはGMOメディアと社名を変え、昨年上場を果たしています。

コンピュータ界隈でいろいろやってきた人間が、いまはロボットの世界でチャンレジをしている、というわけです。

さて、ここまで各分野の専門家のみなさんから授業を受けてきて、コンピュータの歴史や仕組みについてだいぶご理解いただけるようになったと思います。最終講義にあたる今回は、コンピュータの未来を考えるひとつのヒントになるように、前半ではロボットの話を、後半ではセグウェイの話を軸にパーソナルモビリティの動向についてお話ししたいと思います。

ロボット市場を予見してシリコングラフィックスを動かす

私がいまロボットの世界にいる背景にはコンピュータの進化があります。

私がクレイでスーパーコンピュータを扱っていた20年前、コンピュータ1台は20億円以上しました。それがいまでは5万円のｉＰｈｏｎｅで、当時以上の処理ができるようになっています。チップセットの性能は加速度的によくなっていますので当然、コストも安くなっているからです。

という状況のなかで、もうコンピュータメーカにいても刺激がないといいますか、どうしようもないだろうと思ったわけです。

通常、そういった心境になれば、今度はサービスを作っていく側に回るという話になるとは思うのですが、あと数年もすればＳＩｅｒ（システムインテグレーター）は先行きが怪しくなってくるといわれていますし、ソフトバンクの中山さんの講義であったように、世の中の産業は人工知能、ＡＩを軸とした方向に向かっています。

そのＡＩは最終的にロボットに実装されると思い、実はシリコングラフィックス在籍時の１９９９年、同社のなかでロボット事業を立ち上げました。

日本の人口がどんどん減少する運命にあり、２０５５年には1億人を切ってしまうといわれています。人口が減りますから労働環境は悪くなる。その一方で技術の進歩は上がっていきます。ということは、ロボットのマーケットが盛り上がるのは必然です。

そういった市場背景があったので本来、IT屋であるシリコングラフィックスがロボット事業をはじめたわけです。

ちょうど事業を立ち上げたころ、ホンダのASIMO（2000年）に代表されるヒューマノイド型ロボットが世の中にでてきました。こういったロボットは相当な技術力と資金力を兼ね備えたメーカーではないと作れません。

でも、グラフィックス屋でありIT屋である自分たちにもできることはあるでしょう、ということで、ロボット開発の観点を「デザインの観点」「要素技術の観点」「モビリティの観点」の3つに絞って研究を進めていきました。ちなみに要素技術とは、完成品としての技術ではなく、完成品を構成する一要素の技術、ということです。

ゴツゴツしたロボットのイメージを覆したPosy

2000年あたりのロボットは、先ほどのホンダのASIMOや、結局、世にでないで終わったソニーのＳＤＲなど、優れたロボットがありました。ただ、私たちからすれば若干の違和感があったのです。メーカー各社、「これからロボットが普及する場は家庭でしょう」といいながら、結局登場するのはゴツゴツしい、いかにも男受けするロボットばかりだったからです。

私たちのチームでは「家庭のなかでロボットと最も接する時間が長いのは女性である」という、仮説というよりも当然の結論に至っていたので、著名なロボットデザイナーの松井龍哉さんに依頼をして女の子型のロボットをデザインしてもらいました。それがフラワーガールロボット「Ｐｏｓｙ」。３歳の女の子をイメージしています。

このプロジェクトがスタートしたのは２０００年。実機を作ってみたら、いきなりルイ・ヴィトンのパーティに呼ばれたり、バカラのパーティに呼ばれたりと、パーティセレブとして非常に活躍しました。

人気に火がついたひとつの理由は、Ｐｏｓｙ独特の女の子らしい、首をかしげるポーズでした。当時、このような仕草をするロボットは存在していなかったのです。実用性だけを考えたら不要な機能だと思われていたのでしょう。

一方、デザインや表現の観点をうまくロボットに取り入れることで女性のファンを取り込もうという私たちの狙いは、ばっちりはまった結果になりました。

100年間進化のなかったマネキンを動かす

このＰｏｓｙ、大変注目を集めたのですが、そもそも商品ではありませんでした。いろいろな企業から売ってほしいとお願いされたのですが、私どもとしては「自分たちの娘を売るわけにはいかない！」とお断りしていたのです。

それでは最初から量産目的のロボットを作ろうということで始動したのが「Ｐａｌｌｅｔ」というプロジェクトで、今度はマネキン型のロボットを作りました。

マネキンは１００年前にエルメスがショーウィンドウというコンセプトを作って以来、なんの進化もなく、ひたすら静的なものとして存在してきました。ちなみにマネキンという言葉は全世界共通なので、モチーフとしては最適だと思いました。

Ｐａｌｌｅｔの使用シーンは、当然、各ショップのショーウィンドウです。ということは、Ｐａｌｌｅｔの動きを指示する操作は女性がすることになる場面が多いだろうと、モーションデータ（ロボットの動きの指示）を設定する専用ソフトは、コンピュータに不慣れな女性でも直感的に扱えるインターフェースデザインになるよう工夫しています。あとはそれをSDカードに入れてマネキンに差し込むだけで、その日のポージングをしてくれる仕組みになっています。

2002年にPalletが完成すると、表参道のルイ・ヴィトンのオープニングセレモニー用としてさっそく使っていただいたり、超高級のジュエリーブランドのブシュロンのイベントでは、マネキンが動くことによってジュエリーのきらめきを際立たせるという、従来にはなかったディスプレイのあり方を提案しました。

ペッパーの感情認識技術を開発

シリコングラフィックス時代に開発した要素技術についても例を紹介しましょう。

ソフトバンクの中山さんから説明のあったペッパー。感情認識技術を持っているという話があったかと思いますが、感情認識のモデルを考えたのは東大の光吉俊二氏で、光吉先生と一緒に実際の技術として作り込んでいったのはシリコングラフィックスのロボットチームと株式会社AGIです。この技術は国際特許を取って最終的にはAGIという法人になり、それをソフトバンクが買収した形になっています。

音声認識と感情認識の違いを簡単に説明しておくと、iPhoneのSiriをはじめ、一般的によく知られるようになった音声認識技術は、発せられた言葉の意味内容がコンピュータの持っている辞書とマッチングしたら言葉としてインプットされる、という仕組みで動いています。

でも実際に人間は「おはようございます」というひとつの言葉にしても、明るいもの、暗いもの、丁寧なもの、緊張したものとさまざまなニュアンスを含みます。もし相手のあいさつに元気がなかったら「どうしたの？」と聞けるのが人間です。

これはSiriにはまだできません。ペッパーの感情認識技術を使うことによって、「あれ、今日は元気がありませんね？」という言葉がロボットからでてきます。

両者の違いについて少しだけ専門的な解説もしておきます。

音声認識は、入力が入ると音響分析を行い、単語モデルを作って統計処理を行い、出力されます。ちなみに英語は文法的なバラツキが少ないために統計処理がしやすいですが、日本語の場合は訛《なま》りがあったり、あいまい表現があったり、主語の省略などがあるので音声認識は比較的難しいということを補足しておきます。

一方の感情認識は、入力が入ると感情推定をして、判定ロジックを経て出力するだけなので、「喜怒哀楽の特徴」という肝さえわかれば、技術的にはさほど難しいことではありません。また、この技術は相手が何語を話していても同じように動きますので（専門用語でノンバーバル）、動作が非常に軽く、実装しやすいという特徴があります。

この感情認識技術はなにもペッパーだけで使われているわけではありません。たとえば任天堂ＤＳの某パーティゲームでも使われていますし、コールセンターでも現在使われています。

お客様の感情状態とオペレーターの感情状態をモニタリングしていれば、オペレーターの言葉に対してお客様が激怒したといった事態が検知できます。

なお、現在ソフトバンクでは、人の感情を認識するだけではなく、ロボットが感情を持つ技術を作っています。人間と同じような感情を持つという意味では、いじわるなロボットや妙に気弱なロボットなど、ロボットにも「個性」がいろいろでてくるでしょう。これはロボット市場におけるマーケティングの観点からいえば、「飽きさせない」という新しい付加価値を生みだす技術ともいえます。

姿形がない「空間ロボット」

それ以外の実績としては、2002年に「空間ロボット」というものも作りました。たとえばこの教室にはプロジェクターが2台あり、マイクがあり、照明がついています。ただ、それらを同時にコントロールすることはできません。

私たちが考えた空間ロボットでは、その教室で「プレゼン開始！」というだけで全体照明が落ちて、演台にスポットライトが当たって、プロジェクターがついて、マイクが勝手につくようなシステムを開発しました。声ひとつで空間を操作できると。

「それってロボットなの？」という方もいるでしょう。

しかし、先ほどのヒト型ロボットの話と同じで、ロボットの形に本来、制約はありません。形のないロボットのことを「空間ロボット」と呼んでいるだけです。

心の体温計でうつ病を判断

要素技術についてもうひとつだけ紹介させてください。

私は現在、セグウェイジャパンの社長をやりつつ、PSTというベンチャー企業を立ち上げて「声から病気が見える技術」を開発中です。

開発のきっかけは感情認識を作っていたときに「あれ？　この人っていつも悲しみ判定されるよね」といった事態があったことです。

人間の会話の場合、いつも悲しげな話し方をする人なら「単に暗い性格なのかな」と思いますが、いつも元気な人が悲しい声をずっとするようになったら「大丈夫かな。なにかあったのか」と感じるはずです。

そこで実際にお医者さんに聞いてみたところ、悲しい声をずっと続ける人はうつ病の傾向に入りやすいそうです。でも、これはただの音声認識ではわかりません。

ということで、感情認識を応用する形で「心の体温計」のようなものを作るプロジェクトをPSTで行っています。ベンチャー企業単体で行うには心もとないので、技術検証のために東京大学に音声病態分析学という講座を作ってもらって、そこで実際にうつ病患者の声を集めたり、パラメーターの調整などを共同で行っています。

では、どこまでできているかというと、心の体温計レベルまでは完成しています。ミモシス（MIMOSYS）というアンドロイド用のアプリで、2016年中にはプレスリリースがでると思います。

今後はさらにミクロな分析もできるようにして「心のレントゲン」レベルまでいけ

ばいいかなと思っています。当然、これが完成した暁には、ペッパーなどのロボットに搭載することができるようになるでしょう。

車椅子ロボットから生まれたセグウェイ

さて、いままでは私がやってきた、またはやっているロボット技術のほんの一部を紹介しました。いよいよセグウェイの話をしたいと思います。

セグウェイはアメリカで10本の指に入る発明家、ディーン・カーメン（Dean Kamen）氏によって開発されました。浄水システムや人工透析機、脳波で動かせる義肢など、世の中に貢献できるものを作っている方で、氏はよく「技術は戦争を起こすためにあるのではなく、人類が幸せに暮らすためにある」という言葉を使われます。

カーメン氏はいきなりセグウェイを作ったわけではありません。これはあまり知られていないのですが、実は車椅子ロボットを作ったことがきっかけです。

ある日、カーメン氏は街中で車椅子に乗ったおばあちゃんが、段差を一生懸命上ろうとしている姿を見て「人間には宇宙まで飛ぶ技術があるのに、たった15センチの段差を上れない車椅子が存在していいのだろうか」と疑問にもちました。

そこで発明したのが段差だけではなく階段も上ることができる車椅子、iBOTでした。4つの車輪を駆使して階段の上り下りができ、さらにセグウェイと同じように二輪だけでもバランスを保って走行できます。開発費用を援助したのはジョンソン・アンド・ジョンソンで、約300億円出資しています。

セグウェイは、そのiBOTをベースに、2001年に登場しました。

なぜセグウェイを作ったかというと、300億円ものお金をかけてiBOTを作ったはいいものの、認証機関のFDAから認可が下りなかったからです。

では、とりあえず平坦なところを走るロボットであれば認可は取りやすいだろうし、それだけでも義足の人が移動を楽しむことができるだろうと作られました。ですので、実はセグウェイは遊ぶためにできたのではなく、平坦な道でも体重移動だけで簡単に操作し移動できる楽しい乗り物として生まれました。

ちなみにiBOTは2009年に製造を中止していましたが、2016年にトヨタが介護に適したロボットを作るために出資を発表。待望の復活をすることになっています。

誰でも直感的に操作できるセグウェイの技術

ただ、せっかく作るのなら、車やバイクのような概念では進歩がありません。「あそこに行きたいと思ったところに行ける」。これがセグウェイの最大の特徴です。その技術を支えているのが「ダイナミック・スタビライゼーション」と呼ばれる技術です。

原理は簡単です。

小学生のころ、学校の教室でほうきの柄を手の平に載せて、何秒倒れないか競い合った経験はありませんでしょうか。あれとまったく同じで、手の平がセグウェイ、ほうきが人間だと思ってください。ほうきが前に傾いたら、倒れないように手の平を前にだしますよね。逆にほうきが後ろに傾いたら、手の平を引くはずです。

これこそセグウェイが前後に動くときの原理です。体重移動だけでコントロールできます。

左右の旋回に関しては、ハンドルの傾きで操作します。ジャイロセンサーを5つ搭載しているので微妙な傾きでも検知可能です。実際には、ハンドルを意識して倒すというより、行きたい方向に体を向ければハンドルも倒れますので、非常に直感的な操

体重移動だけで動きをコントロールできるのが最大の特徴。

作ができます。

その技術を応用したものが、任天堂のＷｉｉのバランスＷｉｉボードに搭載されています。まさしくセグウェイと同じ技術を使っていて、Ｗｉｉ Ｆｉｔのなかには当社も協力した「セグウェイチャレンジ」というゲームが付属しています。

セグウェイは同じコンピュータを2台搭載している

２００１年のリリースから２００６年まで発売されたものは第１世代機といわれていて、いまあるものは第2世代機（Segway i2）と呼ばれています。段差は上れませんが、平坦なところであればアウトドアであってもだいたいのところは走行できるように進化しています。

スピードは最大時速20キロ。その場で３６０度回転できますし、肩幅くらいの大きさですので、比較的混雑しているところでスイスイ走ることができます。ということは歩道を安全に走ることができますし、それがセグウェイの大きな売りとなっています。なお、タイヤは室内および路面用、芝生用、オフロード用の３種類用意されています。

セグウェイの構造は非常に簡単で、バランスセンサー、ステアリング（ハンドル）センサー、モータードライブセンサーの3つから情報を取り込んで、コンピュータにつないでいます。ポイントは、それがひとかたまりのユニットになっていて、まるっきり同じユニットがふたつ搭載されていること。ひとつのユニットが壊れてももうひとつが動くためです。

セグウェイは日本では90万円くらいするので一般の方が買うには少し高いのですが、実は値が張る理由は安全性を考慮し、コンピュータがすべて二重化されているからでもあります。

生活に広がるセグウェイ

セグウェイは日本をのぞいて、だいたいどの国に行っても同じようなマーケットシェアの傾向があります。その主なものを見ていきましょう。

1．セキュリティ分野での利用

累計15万台くらい売ってきたうち、40％くらいがセキュリティ分野です。

実はその背景には、２００１年の同時多発テロがありました。アメリカでは警察官の離職率が増え、街中のパトロールが手薄になり、軽犯罪が増えていきました。その状況を見たアメリカ本社は、警察官の新たな足としてセグウェイを使ってほしいと寄付をすることにしたのです。

その結果、いろいろなよいフィードバックを得られました。乗りやすくて操作が簡単。移動が楽になり、高い目線で周囲が見渡せるため、抑止効果にもなる。さらに静止したまま地域住民と自然にコミュニケーションができると。

こうした実績を機に、世界中の警察や警備会社でセグウェイを使うところが増えていったのです。いまでは世界で１０００以上の警察、警備機関が導入済みです。

日本では残念ながら公道が走れませんので私有地のみの使用に限られていますが、そんななかで私どもにとって大きな一歩となる事例が、警視庁テロ対策課による羽田空港への導入です。

道路交通法を管轄するのは警察庁ですからセグウェイの運転のしやすさや安全性を理解していただければ、将来的な全面解禁につながるのではと期待を寄せています。

2. 観光分野での利用

ほかの分野としては観光分野がありまして、ここも全体の40%くらいを占めていま

警視庁テロ対策課による羽田空港へのセグウェイの導入。

す。とくに海外ではガイドさん先導によるセグウェイ観光ツアーが人気です。小回りがきき疲れず、誰でも簡単に操作でき、ガイドさんの話もきちんと聞けるというところで評価を得ているようです。現在では世界で1200ヶ所くらいでセグウェイを使った観光ツアーが開催されています。

3．ゴルフ場での利用

これは日本だけの特徴ですが、ゴルフ場での利用もあります。

たとえばアジア下館《しもだて》カントリークラブとアジア取手カントリークラブ。いずれも茨城のゴルフ場ですが、それぞれ130台ずつ導入していただいています。セグウェイは知名度が高いわりに公道を走れないので、実は「いつかは乗りたい！」と思っていらっしゃる方が大勢います。そのため、セグウェイが導入されたことを聞いて大阪からわざわざ茨城までこられるお客様もいらっしゃるそうです。

4．プロモーション分野、エンターテイメント分野での利用

セグウェイは目立ちますので、企業がセールスプロモーションに使う例は多くあります。特徴的な例としては、デンマークにある「ＳｅｇＷｏｒｌｄ」という施設です。ボーリング場の跡地のようなところを改修して、セグウェイ専用のコースを作ってい

ます。最初の10分くらいセグウェイの運転の練習をしたあと、本番ではさまざまなコースにおいてタイムトライアルを行うといった娯楽を提供しています。このようなアミューズメント施設が日本にもあるとよいと考えています。

公道走行実現までのロードマップ

日本は公道を走れないといいましたが、先進国でこうした規制があるのは日本だけです。ただ、当社もただ警察の許可を待つだけではなく、公道走行に向けてロードマップを作って日々努力をしています。

その第1段階は、すでに実施済みである私有地を対象とした普及活動。

第2段階は社会実験で、それを踏まえたうえで第3段階として特区申請、つまりエリア限定で公道走行を可能にしていくというプランを立てています。公道走行はこうしたステップを確実に経て、ようやく実現するものだと覚悟しています。

結論をいえば、茨城県つくば市では特区が取れました（つくばモビリティロボット実験特区）。また2個目の特区的なものが東京の二子玉川でも2016年4月に取れています。

イノベーションにつきものの法律の壁

なぜ特区の話をわざわざしたのかというと、我が国でイノベーションが起きると、必ず法律の壁にぶつかるからです。法律の壁をいきなり壊すことはなかなか難しいものがあります。

私もある官僚の方と話をしているときに、このようなことをいわれたことがあります。

「なんでこんなややこしい乗り物を作ったんだ。新しいテクノロジーを作るなら法律のなかで作ればいいじゃないか」と。

いかにもお役人発想といいますか、「規格外」のものをなかなか認めない文化は我が国に根強く、製薬会社などでもせっかくいい薬を作っても薬事法の関係で認可が取れず、わざわざ海外に展開して実績を作ってから逆輸入する、ということがいまだに行われています。

これがアメリカやヨーロッパにいくと反応が真逆です。

「新しいテクノロジーが人類にプラスをもたらせるのであれば、法律を変えないといけないね」。

これからみなさんが世の中にイノベーションを起こすようなものを作っていくときも必ず規制というものがありますので、そんなときは「そういえばセグウェイの社長も苦労していたよな」くらいに思いだしてもらって発奮材料になれたら幸いです。

パーソナルモビリティの乱立

世の中ではセグウェイのようなパーソナルモビリティがいろいろでてくるようになりました。

たとえばトヨタはウィングレット（Ｗｉｎｇｌｅｔ）というパーソナルモビリティを作られています。非常に小型で、折りたたんで運べるという特徴があります。デザインを見るとトヨタらしくないのですが、実はこれソニーが開発していたものです。ソニーがロボット事業を解散することになって、トヨタが引き取った形です。ホンダは一輪車タイプを開発中です。これらの技術は、倒立振子の技術を用いていて、セグウェイは多数の特許を取得しています。

あと、最近ではハンドルのない、ただ立つだけで動くホバーボードタイプをよく見かけるようになりました。実はこの商品、発火事故が頻発していてイギリスでは輸入禁止になっているほどです。先日も新聞で「セグウェイ充電中に発火」と見出しがでていて、よくよく調べたらホバーボードタイプだったということがあり当社としても非常に迷惑をしています。

あとは中国のＮｉｎｅｂｏｔ（ナインボット）。特許を無視して作っていたのでセグウェイが訴訟を起こし、Ｎｉｎｅｂｏｔも非を認めたのですが、驚いたのはその直後の対応でした。

ＮｉｎｅｂｏｔがセグウェイLE社を買収したのです。

ということで、セグウェイはいまＮｉｎｅｂｏｔの傘下にいます。Ｎｉｎｅｂｏｔに投資しているのが、中国の超巨大スマホメーカー、シャオミです。

しかしこれは決して悪いことではなく、シャオミのグループとなったことでイノベーションが一気に加速しています。この点については後述します。

都市部での移動手段として

セグウェイも、何もずっと同じシリーズだけで商売をしていくつもりはありません。パーソナルモビリティの先駆者としての自覚を持って、研究開発に取り組んでいます。

たとえばバイク型のセグウェイもプロトタイプで製作していました。見た目はバイク。でも自立します。ということは信号待ちのときに足を地面につける必要はありません。

そして今後セグウェイは車の領域に入ろうとしています。現在のセグウェイは歩道走行を前提にしていますが、最初から車道走行を念頭に置いたものです。

その背景としては都市部の交通渋滞があります。いくら高性能な車があっても渋滞だらけでは意味がありません。あるデータでは都市部の車の平均時速はたった16キロしかありません。また不幸にも車による交通事故で亡くなられる方もいます。だとしたら車の形はいまのままで果たしていいのかという根本的な疑問がわくはずです。

以前、セグウェイでは車道走行をするための、着座型で、雨風から身を守れて、高速に走るセグウェイを製作していました。ニューヨークでの実証実験は2008年の段階で終わっています。

一方で車メーカーは小型化の動きに乗りだしていますが、どちらにせよ現在のセグウェイと車の中間あたりが、今後の都市部での移動手段としての巨大マーケットになると予測しています。

ちなみに車の小型化の流れを見ると、ハンドル、エンジン、ブレーキといった構造自体は従来の車と変わりません。あくまでも機械です。一方のセグウェイは現時点で「動くコンピュータ」ですから、自動運転技術との相性も非常によく、イノベーションをかけるプラットフォームとして分があるのはセグウェイでしょう。

また、セグウェイの弱点は物を運べないことでしたが、それを解決すべくポーターロボットと呼んでいる自動追従型のロボットも開発しています。よくユーザさんから「物を引っ張れないんですか？」と聞かれるのですが、ロープで引っ張るのはあまりにイノベーティブではないので、センサーによって自分の後ろをついてきてくれる運搬用などの商品が近い将来、飛行場やホテルのロビーなどで見かけることになるかもしれません。

人工知能を搭載したセグウェイ

そして現在、業界が注目をしているのがセグウェイ、インテル、シャオミの3社で共同開発をしている「セグウェイロボット」です。実機はすでに完成していて、おそらく2017年中にはリリースされる予定です。

セグウェイはいままでのテクノロジー、インテルはチップセット、そしてシャオミはIoT技術を担当しています。2016年のCES（世界最大の家電の展示会）では、インテルのCEOがセグウェイロボットを使って基調講演を行っています。そこでいわれていたのは、「自分たちのスマホを頭脳として活用すれば、自分によりフィットするロボットが生まれる」ということです。そして走行技術、低電力・高性能のチップセット、さらに画像認識を含むIoT技術はすでにあると。

サイズに関してはかなり小型化されます。あとハンドルがありませんが、足で挟み込む突起があり、その突起にはスマホが装着できます。

実際にどのようなことができるかというと、ユーザが街中を歩いているときは、先ほど紹介した追従機能であとをついてきます。そして当然、セウグェイとして普段の移動手段として使えます。そして降りればロボットに早変わり。さらに位置情報を把握するマッピング技術も入っていて、たとえば部屋のなかの情報を地図情報として登録しておけば、室内でもものにぶつからずに勝手に移動してくれます。

ソフトバンクのペッパーがコミュニケーション中心のロボットだとすれば、セグウェイロボットの場合は移動中心。思想が違いますが、最終的にはAI技術が入ってくる点は一緒ですから、それぞれどのような進化を見せるのか非常に面白い展開になっていくと思われます。

Ｎｉｎｅｂｏｔがセグウェイを買収してまだ1年しか経っていないのに、ここまでのロボットを作ってしまったことは特筆すべき点だと思います。

いままでロボット開発というとすべてをスクラッチ（新規に、ゼロから）から作ることが一般的でしたが、このセグウェイロボットは既存技術の組み合わせ次第でまったく新しいものをスピーディに開発できることを証明したきわめてよい例です。

それと同時に、これだけ技術が進化しているのに日本ではセグウェイですらまともに公道を走れていないことに絶望感すら覚えるのは私だけではないと思います。

災害時の人間とロボットの共存

最後に、人とロボットの共存社会を考える参考のために、セグウェイ社が考える未来の災害対策のシナリオについて紹介をして終わりたいと思います。

災害対応ロボットの性能を競い合う「RoboCup Rescue」という大会があり、２００２年にＣＧを作って発表させていただいたものです。14年前になりますがいまでも十分参考になると思います。

想定したのは地下街での大規模な爆発火災です。

爆発と同時に消防の中央センターに被害状況がリアルタイムで集まってきます。すると未来のロボットが自動走行で現場に急行します。このロボットもセンサーがついているので、ロボットが被害現場に近づくにつれ、状況はさらに具体的になっていきます。

現場につくと、ロボットは地下街への入り口をスキャンします。そして、自分では降りられないと判断したら、ロボットのお腹が開いて小型ロボットがたくさんでてきます。

小型ロボットは地下街に降りますが地図がわからないので、中央センターから地図情報を送ってもらいます。それをすべてダウンロードしたら、手分けをして残された人を探しにいきます。

人間らしき形状を検知したらバイタルセンサーでその人の心拍数や体温などを計測し、生存しているかどうか判断。そのデータを地下街の入り口で待機しているレスキュー隊員に送ります。

レスキュー隊員のかぶるヘルメットにはスクリーンが映しだされています。そこには生存者のバイタルをリアルタイムで表示するだけではなく、そこに辿り着くための最短ルートも表示され、「この角を曲がれ」といったナビ機能もついています。

そうやって無事に生存者のもとに隊員が辿り着いたら、小型ロボットは別の生存者を探しにいきます。

なぜこのようなロボットの活用法を提案したのかというと、消防隊員が火災現場に行くとき、基本的に消防指揮官による「指示」で命令がだされ2次災害に巻き込まれる悲劇が起きていると伺ったことがあるからです。

ですから、バイタルセンサーを搭載した自動走行ロボットがあれば、そうした2次被害を防げるだけではなく、生存者の発見も早くなるはずです。

人間とロボットが共存する社会を考えるとき、いわゆる「便利な世の中」を作ることばかり考えるのではなく、「人を救う」という観点や「人を笑顔にする」といった観点が総合的にあって、はじめて「ロボット」という枠ができあがると、私は個人的に信じています。

テクノロジーがあれば、たしかにロボットの性能は上がります。でも、それはあくまでも手段にすぎません。

ロボットに限らず、コンピュータの未来を考えるときも、古い常識を吹き飛ばすようなアイデアや生活を変えてしまうサービスといった「目的ベースの発想」を持つことが、実は一番なことなのではないかと思っています。

特別対談

コンピュータとテクノロジーはどこまで進化するのか？

中村維男（スタンフォード大学客員正教授）×橋本昌嗣

デジタルハリウッド大学大学院講義「コンピュータ・アーキテクチャ」の書籍化を記念して、編著者の橋本氏の東北大学大学院時代の師匠にあたる中村維男教授の来日に合わせ、橋本氏と特別対談を行った。1年の大半をシリコンバレーで過ごす中村教授は、日本のコンピュータ業界のご意見番的存在。計算機科学の最高峰の学者にのみ贈られるIEEE(米国電気電子協会)「Computer Society Taylor L. Booth Award」受賞者であり、IEEEのライフ・フェローでもある。このたびスタンフォード大学にてマイケル・J・フリン教授と共同で、従来のコンピュータの設計概念を覆す超高速・大容量・低消費電力の「マーチングメモリ」を発明。現在、市場化に向けて取り組んでいる。本書の構成担当がインタビュアーをつとめた。

特別講師

中村維男

なかむら・ただお

工学博士。スタンフォード大学客員正教授。株式会社鉄人化計画 技術顧問。1944年、山口県生まれ。1972年、東北大学にて工学博士を取得。1988～2007年、東北大学教授。研究室より、数多くの博士を輩出する。そのなかには、40名弱の日米にわたる大学教授のみならず、世界第1位の性能を複数年獲得したNEC製スーパーコンピュータ「地球シミュレータ」の技術責任者やSONYのPlayStation2で採用されたCellチップを開発したIBMの技術責任者もいる。現在、日本国内では、東北大学名誉教授であり、慶應義塾大学客員教授も併任。国際的には、1994年からスタンフォード大学の客員正教授の地位にある。同大学の米国コンピュータ・サイエンスの重鎮マイケル・J・フリン教授とともに、現在のコンピュータのボトルネックを大幅に改善する、従来の1万倍以上の革新的なスピードを実現した高速メモリ「マーチングメモリ:Marching Memory（米国をはじめ、計算機文明主要国で特許取得済）」を開発。現在、ビジネス展開中。2007年より、英国インペリアル・カレッジ・ロンドンの教授・フェローとして招聘される。それ以前にも、英国ケンブリッジ大学、ミシガン大学、東京大学で講義を担当。19年前に低消費電力かつ、高い効率の半導体が求められる時代が来ると提唱され、米国で最も権威のある学会IEEEより認定・支援されている「COOL Chips」という学会をフリン教授と共に創設した。現在もアドバイザリー・コミッティの議長を務めている。「COOL Chips」は、スマートフォン、データセンターの時代を予見した先進的な研究会議として、シリコンバレーで高い評価を得ている。2004年には、研究業績・大学教育業績・学会への貢献が評価され、IEEEからTaylor L. Booth賞を受賞。コンピュータ・サイエンスの分野では、現在のところノーベル賞が受賞できないなか、最も権威のある賞のひとつといわれており、米国スタンフォード大学では2人目、日本人としても2人目の受賞となる。また、IEEEより、本人の研究業績並びに、学会への貢献を認められた最高のLife Fellow（ライフ・フェロー）という称号を得る。

コンピュータの先進的な設計技術、コンピュータ・グラフィックス、人工知能等の幅広い研究分野の主要論文数は290編におよぶ。現在においても精力的に執筆中。

――デジタルハリウッド大学大学院では、本書の「コンピュータ・アーキテクチャ」の授業が必修科目になっています。

中村　非常に素晴らしいことだと思います。コンピュータの知識はいまや専門家やエンジニア、プログラマーだけが知っていればいい時代ではないですからね。

橋本　そうなんです。この授業の目的は私たちの住む社会を大きく変えようとしているコンピュータの実態について多角的に知ってもらうことで、独創的なアイデアの着想のきっかけになってほしいという思いがあります。

――現状のコンピュータ・アーキテクチャについて、どのようなご意見をお持ちですか？

中村　残念ながら日本は、コンピュータ・アーキテクチャの意味とその重要性をわかっている人が少ないですよね。ピンボケというか。

橋本　まったく同感です。授業でも「京」について触れましたが、あれって大坂城の出城として建てられた真田丸《さなだまる》のようなもので、まわりは全部、徳川方に囲まれている。そこで一瞬頑張ったところで結局、インテル勢にやられてしまう運命にあるのに。

中村　うまいこといいますね。本当に税金の無駄使いですよ。しかもインテル勢は、京の10分の1の値段で造るからね。

橋本　じゃあ、そのためにどうしたらいいかというと、いまある部品をどう使うかという発想だけではなく、「こんなコンピュータがあったらいいよね」という着想をもっと積極的に持つべきだと思います。いまは、いってみればコンピュータのイノベーションの踊り場にきているといえます。そんなときだからこそ、いまのコンピュータは何が問題で、どういうアーキテクチャを今後切り開いていこうかという発想を持つことが重要だと思っています。

——コンピュータが抱える技術的課題は？

中村　その答えはでています。問題はDRAMに代表されるメモリです。いくらCPUが速くなっても、いくらIoTが普及しても、みんなボトルネックはメモリです。CPUに比べてアクセススピードが遅すぎます。それに電気を食うし、容量は少ないし、ある意味ではまだまだ値段も高い。半導体メーカー各社がなぜゴチャゴチャと研究開発をしているかというとメモリの遅さをなるべく感じないように回避策を考えているからです。ちなみにチップ（集積回路のこと）が同時に扱えるデータ量のことをバンド幅といって、これが広いほど太い線を使っているようなイメージですが、メモリの基本アクセス速度は20MHzくらいしか行きません。しかし、CPUは2～3GHzで動きます。CPUの100分の1の速さでしか動かないのがいままでのメモリでした。

橋本　ネットワークでたとえるなら光ファイバーで高速にデータが送信できるのに、家のWi‐Fiが遅いことが原因で、結果的にパフォーマンスが落ちるのと同じ理屈です。CPUの処理速度と比べたら、いままでのメモリのアクセス速度は小さすぎて、CPUの性能を活かし切れていません。

中村　そう。ちなみにネットワークや回路の遅延はディレイと呼び、メモリのCPUに対する遅延はレイテンシーといいます。つまり記憶装置の性能がCPUの処理速度を減じる原因だということです。ただ、今回の発明でそれはクリアすることができました。

――何を発明されたのですか？

中村　「マーチングメモリ」という画期的な記憶装置です。

橋本　米国スタンフォード大学でフリン先生と一緒に発明をされたんですよね。フリン先生はコンピュータ・アーキテクチャを命令の与え方とデータの処理の仕方で４つに分類した「フリンの分類」で知られる著名な研究者です。いままでボトルネックだったメモリがＣＰＵの速度を超えたんですよね。

中村　マーチングメモリは最大30ＧＨｚまでいきます。ＣＰＵの10倍。いままでメモリが処理速度のネックだったのが、逆にＣＰＵがネックになってしまいます。ですから、マーチングメモリを活かし切るにはＣＰＵを10個つなげればいい、ということになります。このマーチングメモリは不揮発性のフラッシュ版も作れるので、メモリとしてのＤＲＡＭだけではなく、ハードディスクもキャッシュもレジスタもいらなくなります。結論をいえば、マーチングメモリとＣＰＵだけでコンピュータができてしまいます。ＣＰＵから見ればレジスタの化け物があるようなものですね。処理の遅延を気にせず、ＣＰＵの意のままにコンピュータが動くようになります。

――マーチングメモリの仕組みは？

中村　いまのDRAMを中心とするメモリはいってみれば1人の倉庫番が命令に従って1ユニットのデータ(たとえば4バイト)単位でだし入れを行っています。一方、マーチングメモリでは従来のメモリがひとつのデータを取りにいっている間に、1250ユニット分のデータの読み書きができます。1250ユニット分横に並べた格納庫を、一気に順次駆動するイメージです。だからマーチング（Marching）と呼んでいるんです。

橋本　最近、スマホを使っているときってYouTubeのようなストリーミング技術が主流になっていますよね。ストリーミングとは、データがまとまってやってくる状態ですから、1個ずつ読むのではなく、1250個一気に読めば処理が圧倒的に速くなりますからね。

中村　そうです。しかもマーチングメモリは、仮に1個のデータの大きさが32ビット単位のコンピュータ・アーキテクチャの場合、倉庫番が8人います。8人×1250個なので、理論上の最大値は従来のメモリの1万倍のスピードです。仮に扱うデータがランダムに配置された1ユニット単位であれば、スピードはDRAMと大差ありませんが、そのような小さい単位で扱うことはあまり多くありません。ストリーミングのようにデータが並んでいれば1万倍、ということになります。

橋本　しかもこの技術は電力消費量が少ないんですよ。

中村　従来のメモリの1000分の1です。

橋本　実は中村先生、19年前にハイパフォーマンスでなおかつローパワーのチップをテーマにしたCOOL Chipsという学会を、恩師のフリン先生ともう1人の学生Kevin Ruddを含む計3名で立ち上げられた張本人です。その前にはHot Chipsという学会があって、そちらは速さだけがメインテーマでした。でも速さだけを競っても電気を食うなら意味がないということで、「かっこいい」という意味と「冷たい」という意味を兼ねたCOOL Chipsという概念を提唱されたんです。そうしたらスマホの時代がきて、そこがばっちりハマった。19年前ですからね。その先見の明には脱帽します。

――まずはどういった分野で普及、活用されると思いますか？

中村　いい質問ですね。コンピュータ・アーキテクチャを作る際には、ただ優れたアーキテクチャをつくればいいのではなくて、サービスを提供する人、プロダクトをデザインする人、アプリを開発する人、またはそれを使う人の意見に絶えずアンテナをはって、それらの要望から逆算して「ハードはこうあるべきだ」と考えないといけません。これが本来の設計のあるべき姿です。そういった意味では、今回の我々の技術は業界共通の課題を解決するものなので、コンピュータが搭載されるものであれば、あらゆる分野で活用されるでしょう。

橋本　たとえばデジカメも変わるでしょう。いまのデジカメだと高解像度モードで連写をするとデータを保存するのに数秒かかって、その間に被写体がどこかへ行ってしまったりしますよね。これはまさにレイテンシーです。

中村　マーチングメモリは書き込むときのスピードが読み込むときと同じで超高速でできるので、理論上、戦闘機のファントムに積んで連写しつづけても写真が撮れます。パソコンに関していえば、いま10万円くらいするようなコンピュータが数千円で買えるようになると思います。コンピュータがきわめてシンプルな構造になるので、パーツがごっそりいらなくなるからです。

橋本　それにIoT機器の設計が楽になりますし、スーパーコンピュータを考えても、これをたくさんつなぐことで超高性能なマシンが実現するでしょうね。あと、最近では撮影後に被写界深度を自由に調整できるライトロ（Ｌｙｔｒｏ）というカメラがありますが、ああいった大量のデータを瞬時に扱わないといけない精密機器でもどんどん普及するでしょう。とにかく、マーチングメモリの技術はコンピュータの根本的な問題をついたので、これはもはやコンピュータを変えるといった次元ではなく、間違いなく私たちの生活を変えます。

中村　そうです。ただ、同時に最初の一歩をどうするのかという課題はあります。それに関しては、この技術を使うことで最も恩恵を受けるお客様を選ぶことがいまの私に課せられた使命です。

橋本　まあ、先生のお立場としてはいえない戦略があると思うので、私が一般論をいわせていただくと、普及の方法としてはインテルやＡＲＭといったＣＰＵメーカーにライセンスするとか、カメラメーカーにライセンスするとか、いろんな選択肢があると思います。少なくともいえるのはそれを採用したメーカーではまったく新しい市場を作ることができるということ。蒸気機関からジェットエンジンに変わるくらいの進歩です。

中村　メーカーであれば私よりはるかにエンドユーザーの要望を知っているのでこの

技術を最大限に活かす方法を考えてくれるでしょうから、ライセンス制も考えています。まあ、個人的にはとりあえず日本企業に使ってほしいと思っているので、日本のメーカーを回ってセミナーといいますか、プロパガンダ活動を行っています。

――しかし、そこまでの進化にネットワーク速度が追いつけないのでは？

中村　追いつけません。ただし、マーチングメモリの技術でコンピュータがさらに速く、小さく、安く、そして省電力になれば、データセンターの課題がかなり改善されることになります。その結果、現在のクラウド事業者への集中傾向が終わって、各自が自分のクラウドを持つ時代がくるかもしれません。原点回帰が起きると。そうなったらネットワーク速度に対する需要も軽減されるでしょう。

橋本　速度の問題のほかにも、やっぱり、プライベートな写真とか、メールとか、本心としてはクラウドに置きたくないですもんね。私としては、案外、スマホ1台、USB1本にデータセンター並みの情報が保存できる時代がくると思っています。

中村　そうなったらいちいちクラウドにつなげる必要すらなくなります。

橋本　だって理想的にネットワークが速くなるのであればiPhoneがでるたびに

クラウドの比重が増して、ハードディスクが小さくなるべきなのに、どんどん容量が増えていますよね。iPhone7なんて6の2倍ですよ、2倍。やっぱりローカルにあるデータが多いほうがベターなんです。

中村　そうそう。いまドコモがクラウドで自動翻訳をしていますが、スマホにそのデータが載せられるなら手元でやったほうが断然速いからね。

橋本　それを象徴するように最近、シスコがよく「フォグ・コンピューティング」という言葉を使っています。遠くにある「雲（クラウド）」に対して、近くにある「霧（フォグ）」。業界としてもネットワークに速度的、かつセキュリティ的な限界があることを認識しているんでしょう。だから「データの置き場所はよく考えて、必要なものは適切に近くに置こう」ということをいいだしているんだと思います。

中村　とはいえ、通信の世界にはもっと頑張ってもらいたいですけどね。私の考える地に足をつけたネットワークのあり方というのは、いまはコンピュータ本体に入っているディスクが、自前のネットワーク上に存在する世界。そして手元にあるのはCPUとレジスタだけのコンピュータ。これが私の考える未来のコンピュータです。

――今後、CPUがネックになるなら解決策は量子コンピュータですか？

中村　いやいや、違います。いまのままでは量子コンピュータはダメです。あれは危ないです。難しい言葉でいえば、オブザーバビリティとコントローラビリティが効きません。簡単に説明すると、すべての計算を四則演算に落とし込むことを数値演算法といいます。その四則演算を作り上げるのは2進法、つまり0か1の組み合わせであり行き着くところは足し算。これこそ我々が知っている数学の最も安定した方法です。ところが量子コンピュータでは量子力学独自のメカニズムを前提にしています。それになぞらえたアルゴリズムでないと計算が効率よくできないのです。

橋本　先生、話が難しくなっています（笑）。

中村　失礼。じゃあ、仮に4ビットあったとしましょう。0か1が入る入れ物が4つ。それぞれが0か1なら16通りの組み合わせがありますよね。いまのノイマン式だと16通りのうち1個しか使いません。だって勝手に値が変わったら困りますからね。ところが、量子コンピュータではその値がふわふわしている。そのかわり16個の計算を並行して処理することができます。だから速いと。これこそ量子コンピュータが従来のノイマン式とは根本的に考え方が異なるといわれる所以《ゆえん》です。でも速いのは当然で、それ専用の数値計算をするために設計されているからです。

橋本　私も実際に量子コンピュータの専門家の方の話を聞いたことがあるのですが、実は動作の基本原理がいまだによくわかっていないそうです。状態も不安定なのである計算をさせるときも1秒に1億回くらい計算させて「これが答えっぽいね」という多数決で答えをだしているのが現状だそうです。

中村　アナロガスなんです、アバウトなんです。ただそれがデジタルっぽく見えているだけ。一方でノイマン式はかっちりしていて、計算を間違えることはない。だとすれば、より確実なノイマン式を１０００倍速くしたほうがいいでしょうと。それをマーチングメモリで実現していくので、私としてはコンピュータが発明されたときから脈々と続いてきたノイマン式コンピュータ・アーキテクチャは、学問としては終わりを迎えるのかなと思っています。これからはそれをどういったアプリケーションで使うのかといったことをテーマに新たな学問がでてくると思います。

――UI、つまりコンピュータの使い方や触れ合い方はどう変わっていくと思いますか？

中村　ＡＲＭ（アーム）の創業者のヘルコン・ハウザー氏もいっているように、いま、ＩｏＴで人がかかわる場合のインタフェースとして注目されているのは〝声〟ですよね。だいぶ精度が上がってきました。ではその先に何があるかというと、高度なセンシング技術とマーチングメモリがあれば、なんでもありになるでしょうね。

橋本　インテルの安生さんのリアルセンステクノロジーの話があったように、体の動きで制御することは結構近い将来の話かもしれません。いずれにせよ使い手にとって最も快適なインタフェースは何かという研究がすすみ、どんどん実現化されてくるでしょう。ただ、個人的には人間にとって「メタファ（隠喩）」は大事だと思うので、意外とキーボードの概念は長く使われるかもしれません。

中村　たしかにメタファは大事かもしれませんね。ただ、究極をいえば、将来は頭で思っていることがコンピュータに入力できるインタフェースができると思っています。脳といっても結局は電気信号なので、それに見合うものをだせばコンピュータを動かすだけではなくて、統合失調症とかアルツハイマーといった病気も治せる時代がくるんじゃないかなと思います。省電力のチップを使えば、体温で電気を供給することもできますから。「そんな馬鹿な」と思われるかもしれませんが私は不可能だとは思いません。

橋本　先生、もともと医学部でしたからね。

中村　そういう意味ではディスプレイに関しても、究極の形は大脳皮質で映像を見ることだと思います。もちろん現状だけを見るとディスプレイ技術のボトルネックはこれまたメモリなので、マーチングメモリが普及すればディスプレイはさらに高精細かつ高速になります。ということは、近い将来、3Dの処理も容易になるので、VR、AR、MRといった技術も飛躍的に進歩するでしょう。でもその先にはやっぱり脳かなと思います。

橋本　アニメ『攻殻機動隊』で描かれている近未来の世界に入っていく、ということですね。楽しみです。

――人工知能は今後どうなっていくと思いますか？

中村　少なくともいまの機械学習を考えても、マーチングメモリでCPUの性能を極限まで活かし切ることができるようになれば学習速度が飛躍的に上がるのは間違いありません。ただ、そもそもディープラーニングは「学習」とはいうものの私からいわせると非常に限りがあります。「正解はたぶんこれです」くらいのことしかわかりません。

橋本　ＡＩって聞くとなんでもできると思っている人がいますけど、やっぱり人間の知能の源泉には欲求や感情がありますよね。いまの人工知能にはそれがない。だからこそ最終判断は人間が行うこと。ＡＩに「この写真は猫だと思います」といわせるのはいいけど、「この写真は猫です」といい切らせてはダメ。人工知能ビジネスを考えている方たちにはその点を留意してほしいですね。明らかに過大評価している人がいっぱいいますから。

中村　過大宣伝している人たちがいるからね（笑）。私も人工知能に関しては何本も論文をだしているのですが、結論としては人工知能って道具なんですよ。価値判断はできない。だからコントローラブルにしておかないと社会秩序が保てません。

橋本　もちろん中村先生の技術があれば、脳が急速に進化するようなものなので家庭用ロボットの普及にも貢献するでしょうし、そうした進化は大歓迎です。よりインタラクティブ性の高いＡＩが生まれると思います。

中村　そう。インタラクティブを突き詰めると「反射神経」になるんですね。「少々お待ちください……」ではなく、即座に結果を返す。だから私はいま日本のある車メーカに行って、「反射神経を持った車」を作ったらどうかと提案をしています。

――コンピュータ・アーキテクチャを志す人へのメッセージをお願いします。

橋本　中村先生が発明されたメモリの高速化技術は産業構造自体を変えようとしています。私が思うに、本来のコンピュータ・アーキテクチャとは「ちょっと速くなった」といった次元ではなく、その設計によって世の中に大きな変革が起きるようなものであるべきだと思っています。新しいアーキテクチャが生まれることで世界が変わる、生活が変わる。これってものすごくロマンのある話であると同時に、イノベーションの本質なんですよね。それはハード設計だけの話ではなく、新たなサービスやシステムを作るときも同じです。こうした発想を学生にも持ってもらいたいと常々思っています。私がいまカラオケ屋さんで働いているのも音楽業界のあり方を根本から変えるシステムを実現するためです。日本の〝スパコン〟の現状を見るとどうもこうした本質的な議論が足りていないのではと感じずにはいられません。

中村　日本の計算機屋で本当にコンピュータを理解しているまともなエンジニアは日

本全体で2〜3人しかいないからね。なぜこのような惨状になっているかというと、日本のメーカーは古いものを足場にしてそのプラスαのことしかやろうとしない、またはやらせない文化だからです。

橋本　経営者は目先にある利益を摘み取りやすいビジネスに目がいきますからね。

中村　そんな姿勢でイノベーションが起きるわけがないんです。私は長年シリコンバレーに住んでいますが、向こうで生活をしていると新しい情報がどんどん入ってくるんですよ。もしコンピュータに関心のある若い方がこれを読まれていたら英語をしっかり勉強して、ぜひシリコンバレーに来てほしいですね。家賃は高いですけど（笑）。

橋本　そういえば中村先生の授業って全部英語ですもんね。

中村　やっぱり世界を知らないとね。私としては先ほど少しいったように、コンピュータ・アーキテクチャは本来、逆算からはじまるものだと思っています。マーチングメモリにしても「コンピュータのボトルネックであるメモリをどうにかしたい！」という定性的な思いからはじまっています。ぜひ若い方々には、独創的なアイデアと、技術的な壁を乗り越える情熱をもって、みなさんが考える未来のコンピュータやサービスを造っていってもらいたいと思います。私はもう72歳ですが体力は30代並みなので、私にできることがあれば手助けをさせてもらえたらと思います。

橋本昌嗣《はしもと・まさつぐ》

博士(情報科学)。株式会社鉄人化計画 T·Rプロジェクト本部 T·Rシステム開発部長。デジタルハリウッド大学大学院 客員教授。1970年、山口県生まれ。東北大学にて博士(情報科学)を取得。1997年、日本シリコングラフィックス株式会社(現在の日本SGI)に入社。2005年、ビジュアライゼーション事業本部本部長、2007年、高度ビジュアル·メディア開発本部本部長、2008年、CTO(最高技術責任者)を歴任。キャリア向け映像配信システム、人工衛星の設計、自動車のデザイン、生産管理、マーケティング、地図情報システム構築業務、ハイパフォーマンスコンピューティングシステムの構築、科学技術計算の可視化などに携わる。2009年、エイベックス·グループ·ホールディングス株式会社に入社。BeeTV(現在のdTV)、基幹システム、課金システムの構築·運用を担当。2013年、株式会社鉄人化計画に転籍。現在、新規事業に携わる。ライフワークは、可視化を用いたスムーズなコミュニケーションで人々を幸せにすること。専門は、映像配信、コンピュータ·グラフィックス、大規模計算、ビッグデータの可視化。その他、デジタルハリウッド大学大学院客員教授(2011年~)、奈良女子大学理学部非常勤講師「コンテンツ開発プランニングワークフロー概論」(2005~2011年)、上智大学理工学部非常勤講師「ビジュアリゼーション講座」(2002~2010年)、長岡技術科学大学工学研究科客員准教授「先端シミュレーション工学講座」(2007~2008年)を歴任。2008年には、リアルタイムデザインレビューソフト「DesignCentral Imager」にてグッドデザイン賞を受賞。

デジタルハリウッド大学大学院

2004年、日本初の株式会社立大学院として開学。デジタル技術とコンテンツで新しい産業や文化を創造する高度人材の育成、研究を目的とした社会人大学院。デジタルの専門知識や業界経験は問わず、ビジネス、クリエイティブ、ICT(情報通信技術)を横断的に、かつ、強化したい分野を中心に基礎から学ぶことができる。

※本書は2016年のデジタルハリウッド大学大学院講義「コンピュータ·アーキテクチャ」の内容をもとに構成されています。
※本書の内容は2016年11月現在のものです。
※一部、敬称を省略しています。

ポプラ新書
112
コンピュータは私たちをどう進化させるのか
必要な情報技術がわかる8つの授業
2016年12月8日 第1刷発行
2017年1月27日 第2刷
編著者
橋本昌嗣
発行者
長谷川 均
編集
村上峻亮
発行所
株式会社 ポプラ社
〒160-8565 東京都新宿区大京町22-1
電話 03-3357-2212(営業) 03-3357-2305(編集)
振替 00140-3-149271
一般書出版局ホームページ http://www.webasta.jp/
ブックデザイン
鈴木成一デザイン室
印刷・製本
図書印刷株式会社

N.D.C.007/302P/18cm ISBN978-4-591-15285-0

生きるとは共に未来を語ること　共に希望を語ること

昭和二十二年、ポプラ社は、戦後の荒廃した東京の焼け跡を目のあたりにし、次の世代の日本を創るべき子どもたちが、ポプラ（白楊）の樹のように、まっすぐにすくすくと成長することを願って、児童図書専門出版社として創業いたしました。

創業以来、すでに六十六年の歳月が経ち、何人たりとも予測できない不透明な世界が出現してしまいました。

この未曾有の混迷と閉塞感におおいつくされた日本の現状を鑑みるにつけ、私どもは出版人としていかなる国家像、いかなる日本人像、そしてグローバル化しボーダレス化した世界的状況の裡で、いかなる人類像を創造しなければならないかという、大命題に応えるべく、強靭な志をもち、共に未来を語り共に希望を語りあえる状況を創ることこそ、私どもに課せられた最大の使命だと考えます。

ポプラ社は創業の原点にもどり、人々がすこやかにすくすくと、生きる喜びを感じられる世界を実現させることに希いと祈りをこめて、ここにポプラ新書を創刊するものです。

未来への挑戦！

平成二十五年　九月吉日　　株式会社ポプラ社